我的第一套物理启蒙书

（第二册）

［美］乔治·伽莫夫 著

肖蕾 译

民主与建设出版社

·北京·

二、时空等量代换

　　若将时间当作与空间三维近似等价的第四个维度，我们必将面临一个困境：我们可以采用 1 英寸或 1 英尺这样的单位来度量长、宽、高三维，却无法将英尺或英寸作为单位来衡量时间维度，测量时间必须选用分钟或者小时这样和衡量其他三维完全不同的单位。不同的单位之间，如何进行比较？假设一个长、宽、高均为 1 英尺的四维立方体，那么，若要使四维相等，这个立方体应该跨越多长的时间维度呢？跨越 1 秒、1 小时，还是 1 个月？1 小时和 1 英尺相比，孰长孰短？

　　最初看来，这个问题仿佛不存在任何意义，但细细一想，你就会意识到，我们也许能够找到一种适当的方式，将空间维度和时间维度加以比较。以下说法在日常生活中时有发生：说某人的住所"从市中心坐公交大约 20 分钟就能到"，抑或是某地"需要坐 5 个小时火车"。此处，我们就是在以交通工具跨越一定距离所用时间来衡量路程长度。

　　所以，只要使用一种大家公认的标准速度，就可以实现用长度描述时间的愿景，反之亦然。当然，我们选定的作为时空基本转换因子的标准速度，应当不受人类主观意识或者外在环境的影响，始终保持性质稳定，速度恒定。在物理学中，光的真空传播速度是目前已知的唯一具有此种普适性质的速度。尽管我们常常称其为"光速"，但"物理相互作用的传播速度"是对其更为恰当的描述。因为在真空中，物质间包括电磁力及万有引力在内的所有作用力，都以相同速度传播。而且，我们稍后就会知道，光速代表所有物质速度中的最高速度，任何其他物体在空间中的运动速度都不可能快于光速。

伽利略（1564—1642 年）：意大利天文学家、物理学家和工程师，被称为"观测天文学之父""现代物理学之父""科学方法之父""现代科学之父"。

　　意大利著名科学家伽利略早在 17 世纪就开始尝试测量光速。在一个伸手不见五指的黑夜里，伽利略带着助手，提着两盏装有机械遮光板的提灯，来到佛罗伦萨郊外的旷野之中。他们二人在相距数英里的位置站定，在约定好的某一时刻，伽利略打开遮光板，让光束射

向助手方向（图31a）。这束光一进入助手视野，助手必须立刻打开提灯。在这个过程中，光束由伽利略处传到助手处，

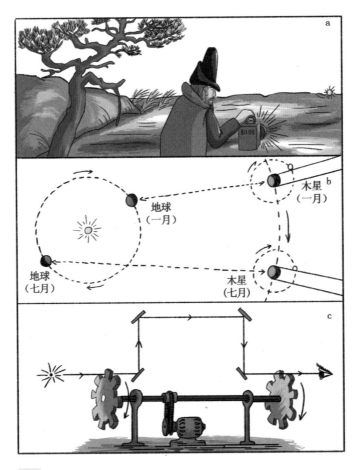

图31

再从助手处传回伽利略处，会花费一些时间，所以，伽利略预计，从自己打开遮光板到看见光束传回之间，应当存在一定的延迟。事实上，他的确观测到了一个短暂的延迟。不过，助手按照伽利略的吩咐去往二倍远的位置站定，再次重复实验的时候，这个短暂的延迟并未按照预期延长。光的传播速度过于迅速，传播数英里不过是一瞬间，这是显而易见的。伽利略观测到的延迟其实是我们现在所说的反应延长——助手无法在看到光束的同时立即打开提灯。

木星：一个巨大的液态氢星体，太阳系八大行星中体积最大、自转最快的行星。李商隐《马嵬》"如何四纪为天子，不及卢家有莫愁"中的"纪"即木星的公转周期——11年又300天。

尽管伽利略的实验未能取得任何有意义的成果，但是他发现了木星的卫星——科学家正是以此为基础，才首次真正完成了对光速的测量。1675 年，丹麦天文学家罗默[1] 在观察木星的卫星月食时发现，卫星在木星阴影中消失的时间并不恒定，时间的长短取决于木星距离地球的远近。罗默立马觉察到（正如

[1] 奥勒·罗默（Ole Romer），生于 1644 年，卒于 1710 年，丹麦天文学家，是准确估算光速的第一人。——译者注

你在查看了图 31b 之后也会意识到的那样），之所以如此并非因为木星的卫星的异常运动，而是缘于木地之间的距离变化引发的卫星月食观测不同的延迟时间。根据罗默的观测，我们知道，光以大约 185,000 英里每秒的速度传播。如此说来，伽利略提灯的光束从跑到助手那里再传回，仅需要几十万分之一秒的时间，他当然不可能用这个仪器成功测出光速！

尽管伽利略粗糙简陋的提灯设备，无法测出光速，但后来这一任务，却被更为精密的仪器完成了。图 31c 展示的就是法国物理学家斐索①首次使用的短距离光速测量设备。这一设备的主要部件是一根转轴和两个齿轮，将齿轮固定在轴上，从平行于转轴的方向看去，第一个齿轮的齿恰好挡住第二个齿轮的缝。这样一来，无论光束多细，无论转轴怎样转动，光束都不能穿透两层齿轮。假设设备此时正在飞速旋转，光线由第一齿轮的齿缝间穿过，需经历一定时间才能到达第二齿轮，若此时间段内，整套齿轮系统的转动距离是齿缝距离的一半，那么光线就能穿过第二齿轮的齿缝。这就如

① 斐索（Fizeau），生于 1819 年，卒于 1896 年，法国实验物理学家。1849 年，斐索使用旋转齿轮，在实验室里成功测量光速。——译者注

同，汽车行驶在一条装有同步红绿灯系统的街道上，只要车速适当，就能一路绿灯、畅行无阻。如果齿轮的旋转速度提高一倍，那么当光线抵达第二齿轮时，齿轮上的齿就会恰好将其挡住。若旋转速度进一步提高，刚刚挡住光束的轮齿就会离开光的传播路径，光路遇到的是齿缝，光束就能再一次穿过第二齿轮。所以，只要记录下光线由穿过到被挡时的转轴转速，我们就能估算出光线在两个齿轮之间的传播速度。为了实验容易操作，我们可以降低齿轮转速，并在齿轮之间增加几面镜子（如图 31 所示）以增加光的传播距离。经过实验，斐索发现，当转速达到每秒 1000 转时，他第一次观测到了光线透过齿缝。这意味着，在这一转速下，在光线从第一齿轮传到第二齿轮的时间内，齿轮移动的距离是齿缝距离的 1/2。两个齿轮各有大小相同的轮齿 50 个，因而齿距等于齿轮周长的 1/100，此段时间就等于齿轮自转周期的 1/100。将这一结果和光在两个齿轮之间的传播距离结合起来进行计算，斐索计算出的光传播速度是 300,000 千米/秒，也就是 186,000 英里/秒，这和罗默通过观察木星的卫星算出的结果相差无几。

继诸位先驱之后，科学家们又通过许多天文学即物理学的方法对光速进行了独立测量。目前最准确的真空光速估计值（一般用字母"c"代表）为：

c=299,776 千米／秒，即 186,360 英里／秒。

若天文距离用英里或千米来衡量，那恐怕得写满数页纸；所以衡量巨大无比的天文距离时，常常用速度极快的光速作为标准。所以，天文学家常说，某颗星与地球的距离为 5"光年"，这就和我们说到某地需要坐 5 小时火车没有区别。一年大概相当于 31,558,000 秒，因此，一光年就是 31,558,000×299,776=94,600 亿千米，也可以说等于 58,790 亿英里。通过"光年"这一单位，我们成功将时间变成了一个维度，实现了时间单位向空间单位的转换。反之，我们也可以用"光英里"这一单位，代表光线传播 1 英里耗费的时间。利用上述的光速值，可以计算得出 1 光英里等于 0.0000054 秒。同理可得，1"光英尺"等于 0.0000000011 秒。这就为我们上节讨论的四维立方体问题提供了答案：若立方体的空间边长为 1 英尺，那么它在时间维度只能持续

0.000000001 秒。若这个立方体足足跨越了一个月的时间维度，那么在四维空间中，它就会呈现出长棍的模样——在时间维度上被拉得很长很长！

三、四维距离

在空间轴和时间轴的单位问题圆满解决后，我们可以问问自己，应当如何理解四维世界中的两点距离？需要谨记在心的是，此种情景之下，所谓的点是指一个既有时间又有位置的"事件"。我们可以以下述两个事件为例，更加清晰地看待这一问题：

> 帝国大厦：1931 年竣工，是美国纽约地标建筑之一，也是保持世界最高建筑地位最久的摩天大楼。

事件一：位于纽约市第五大道与第五十街交口一楼的某银行，于 1945 年 7 月 28 日上午 9 时 21 分遭受抢劫[1]。

事件二：因为大雾，同天上午的 9 点 36 分，一架军用飞机撞击了坐落于

---

[1] 若这个位置真有一家银行，那纯属巧合。——作者注

纽约市第五大道与第六大道间第三十四街上的帝国大厦的第
79 层（图 32 ）。

图 32

在空间维度上，二者在南北方向相隔 16 个街区，在东西方向相隔半个街区，在垂直方向相隔 78 层楼；在时间维度上，二者相隔 15 分钟。显然，描述二者间的空间距离时，不必挨个列出大道、街区及楼层的数量，只需根据著名的勾股定理，我们就能将二者的空间距离换算成一条直线，其数值等于各维度平方和的平方根（图 32 右下角）。当然，我们先要将涉及的三个距离长度换算成例如英尺的统一单位，才能运用勾股定理。现在，假设一个街区的南北向跨度是 200 英尺，东西向跨度是 800 英尺，帝国大厦的平均层高是 12 英尺，那么两点之间的南北距离就是 3200 英尺，东西距离就是 400 英尺，垂直距离就是 936 英尺。套用勾股定理，可以将两点之间的距离用下式进行表示：

$$\sqrt{3200^2+400^2+936^2} \approx \sqrt{11280000} \approx 3360（英尺）$$

若作为第四维度的时间确有实际意义，那么我们现在应该就能够将 3360 英尺的空间距离和 15 分钟的时间间隔结合起来，计算得出二者在四维世界的距离。

按照爱因斯坦的最初设想，只需将勾股定理进行简单推广，我们就能计算得出事件之间的四维距离；相较于单纯的空间距离或时间间隔，这一指标在研究事件的物理关系方面起着更为根本的作用。

若想结合时空数据，应该理所应当地将二者的单位进行统一，这就和将代表街区跨度及楼层高度的单位统一为英尺一样。如前所示，通过光速这一转换因子，我们就能轻而易举地计算出时间维度上的 15 分钟相当于 800,000,000,000 "光英尺"。简单运用勾股定理，我们就可以把两个事件距离的平方和的平方根看作二者的四维距离（三个空间距离和一个时间间隔）。但是，操作的过程彻底消除了时空之间的差异，这同时也代表着我们认可了时间和空间之间能够相互转化。

然而，任何人，包括伟大的爱因斯坦在内，都无法手挥魔法棒，在几句诸如"时间走、空间来、度量改、变变变"之类的咒语的加持下，将一把被布盖住的尺子变成一个闪闪发光的崭新闹钟！（图 33 ）。

图 33 爱因斯坦教授肯定不是精通魔术，不过他做的事比魔术更精彩！

所以，如果我们既要运用勾股定理将时间维度和空间维度相结合，又要保留二者的一些本质差异，就必须对采用非常规的方式运用勾股定理。

在爱因斯坦的设想中，为了说明时间维度和空间维度的差异，我们在运用勾股定理时，可以在表示时间维度的平方前加上负号。如此一来，两个事件的四维距离的计算过程就变成了三个空间维度数值的平方和减去时间维度数值的平方，再开方。当然，在计算之前，我们需要用空间维度的单位来表示时间维度的数值。

综上所述，银行抢劫案和飞机撞击大楼这两个事件的四维距离计算过程如下：

$$\sqrt{3200^2+400^2+936^2-800\ 000\ 000\ 000^2}$$

由于我们举了个"日常生活"中的普通案例，所以和前三个数字相比，第四个数字大得离谱；换言之，按照日常生活的标准，合理的时间单位是极其渺小的。若我们把目光从基尼岛：位于美国夏威夷毛伊岛和卡胡拉威岛之间，是摩罗基尼火山口的一座火山岛。由于形状像一弯新月，人们也称它为月亮岛。

纽约市转向广袤的宇宙，那么得到的数据会更具可比性。所以，我们不妨将1946年7月1日上午9点整在基尼岛发生的原子弹爆炸当作事件一，将同天上午9点10分陨石坠落于火星表面当作事件二，那么二者在时间维度上的距离就是540,000,000,000光英尺，在空间维度上的距离就是650,000,000,000英尺。

本例中，二者之间的四维距离如下：

$$\sqrt{(65\times10^{10})^2-(54\times10^{10})^2}=36\times10^{10}\ (\text{英尺})$$

这一结果明显区别于单纯的空间距离或单纯的时间间隔。

当然，有人认为这样一个区别对待某一维度和其他三个维度的几何学，不尽合理，所以自然地站出来反对。但我们需要牢记，用以描述物理世界的数学系统必须要把现实情况客观地反映出来，若时间维度和空间维度的确存在本质差异，那四维几何学体现这种差异就是必要的。此外，我们可以通过一个简单的数学方法，将爱因斯坦的时空几何论变成我们课堂上学过的无比美好的欧几里得几何学。此法就是把第四维度看作一个纯虚数，提出此法的是德国数学家闵可夫斯基[①]。若你记性不错，应该还记得在第二章，把实数乘以 $\sqrt{-1}$ 就会变成一个虚数，而虚数对于解决各类几何问题大有裨益。按照闵可夫斯基的观点，要把时间当作第四维度，我们首先需要将其转换为空间单位，然后还要再将结果乘以 $\sqrt{-1}$。如此一来，纽约市案例的四维坐标如下：

第一维度坐标：3200 英尺；

第二维度坐标：400 英尺；

第三维度坐标：936 尺；

---

① 闵可夫斯基（Hermann Minkowski），生于 1864 年，卒于 1909 年，德国数学家、物理学家，他的闵可夫斯基时空就是将爱因斯坦和亨德里克·洛伦兹的理论重新表述为了四维时空，这个概念是建立广义相对论的基础框架。——译者注

第四维度坐标：$8 \times 10^{11} \times i$ 光英尺。

截至目前，四维距离的定义就变成了全部四个维度坐标的平方和的平方根。实际上，从数学角度来看，无论是运用闵可夫斯基坐标系下的一般勾股定理方程，还是运用爱因斯坦坐标系下的有些不尽合理的勾股定理方程，二者完全等价，因为虚数的平方始终为负。

这让我想起了一个故事，一位风湿病老年患者向他身体健康的朋友询问避免此类疾病的方法。

他的朋友回答说："这辈子，我天天早晨都洗冷水澡。"

"噢！那就相当于说你患有冷水澡病！"老年患者惊叹道。

若你对患有"风湿病"的勾股定理实在喜欢不起来，那你大可把它替换为患有"冷水澡病"的虚数时间坐标。

既然时空世界里的第四维度是虚数，那么四维距离必然会有两种不同的物理类型。

实际上，就如前述的纽约市案例，两个事件的三维距离数值远远小于统一单位之后的时间间隔，因而，勾股定理中根号下的数值必然为负，我们算出的结果，也就是广义上的四维距离，是一个虚数。但如果在空间距离大于时间间隔的情况下，根号下的数值必然为正，如此一来，我们计算出的四维距离就会是一个实数。

如上所述，在我们看来，空间距离永远是实数，而时间间隔永远是纯虚数，那就可以认为：四维距离为实数，就说明它和普通的空间距离有着更为密切的关系；四维距离为虚数，就说明它和时间间隔有着更为密切的关系。套用闵可夫斯基的专业表达，第一类四维距离名为"类空间隔"（raumartig），第二类四维距离名为"类时间隔"（zeitartig）。

接下来的一章中，我们将会见证类空间隔转化为一般意义上的空间距离，类时间隔转化为一般意义上的时间间隔。

但是，这两类距离一为实数，一为虚数，我们无法跨越的藩篱
是将二者相互转化，这就像我们无法完成尺子和时钟的相互
转化一样。

第 5 章 时间和空间的相对性

一、空间和时间的相互转换

　　虽然经过诸多努力在数学角度将四维世界的空间和时间进行统一并未消灭空间距离和时间间隔的本质差异，但是这一过程帮助我们确定了空间、时间的相似性，仅就这一点而言，物理学已经比爱因斯坦之前的时代进步不少。事实上，我们需要把不同事件的空间距离和时间间隔看作其在空间轴及时间轴上的投影，如此一来，要完成空间距离与时间间隔的部分转化，只需转动这个四维的坐标轴即可。可是，我们应该如何转动这个四维坐标轴呢？

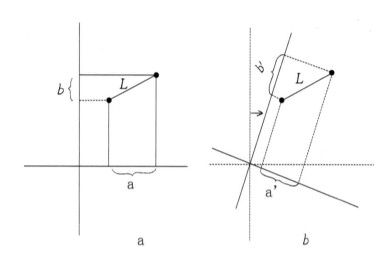

图 34

　　首先，我们需要在脑海中勾勒一个如图 34a 所示的坐标系，它由两个空间维度轴构成。现在，设想这个坐标系中存在两个距离为 L 的点。将这两个点投射到坐标轴上，会看到，它们在横轴上的距离为 a 英尺，在纵轴上的距离为 b 英尺。若如图 34b 一样，把坐标轴旋转一定角度，那么同样的两个点在新坐标轴上的投影将发生变化，把此时的距离标记为 a' 和 b'。可是，坐标轴的旋转并不会改变两点间的实际

距离，由勾股定理可知，新旧两个投影的平方和的平方根数
值相等，即：

$$\sqrt{a^2+b^2}=\sqrt{{a'}^2+{b'}^2}=L$$

由此可知，虽然坐标的旋转不会改变平方和的平方根，
但是，如果坐标不同，线段 L 投影在坐标横轴和纵轴上的值
必然会发生变化。

接下来，我们假设，坐标系中的横、纵两轴分别代表空
间维度和时间维度。如此一来，上例中的两个固定点就会成
为两个固定事件，其在横、纵两轴上的投影就代表着它们的
空间距离和时间间隔。假设这两个固定事件就是我们上节提
及的银行抢劫和飞机撞楼，那么我们可以绘制出一幅和刚刚
提到的图 34a 所示的空间坐标十分相近的新坐标图。接下来
需要思考的是，我们如何做才能旋转这个新的坐标轴？答案
是，搭乘公共交通工具就能实现旋转时空坐标轴的目标——
这真是让人大跌眼镜，甚至难以理解。

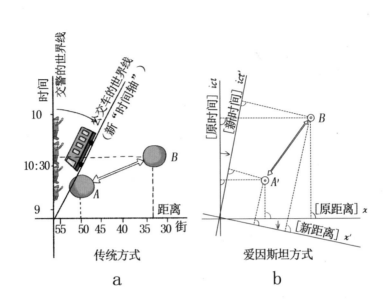

图 35

好吧！现在假设我们在不幸的 7 月 28 日清晨，坐在一辆公交车的上层，公交车正往第五大道驶去。站在利己角度，此时此刻，最让我们关心的问题就是，银行抢劫和飞机撞楼两个事件离我们乘坐的公交有多远？因为决定我们能否目睹两个事件的因素，就是二者和公交的距离。

图 35a 的坐标系中，绘有公交车的世界线及银行抢劫、飞机撞楼两个事件。只需看上一眼，你就会发现，其中的距

离不同于街角交警的记录。公交车正行驶在第五大道上，我们假设车行速度是每跨越一个街区耗费 3 分钟时间（这个速度在纽约拥堵的路况之中并不罕见），那么公交车上乘客视角看到的两个事件的空间距离会小于交警视角。事实就是，抢劫发生时的上午 9 点 21 分，公交车正穿过距抢劫案两个街区之遥的第 52 街。飞机撞楼时的上午 9 点 36 分，公交车正行驶在距事件地点 14 个街区之遥的第 47 街。所以，以公交车乘客的视角来看，在空间上，银行抢劫事件距飞机撞楼事件 14-2=12 个街区，这和以城市建筑为坐标得到的 50-34=16 个街区并不相同。将目光转向图 35a，我们就会发现，公交车乘客视角的距离变化并不在街角交警视角的纵轴世界线上，而是在代表公交车世界线的斜线上。换而言之，代表公交车世界线的斜线就是新的时间轴。

将上述"一众琐事"进行概括，可以说：若将绘制时空坐标轴的参照点选定为行驶的公交车，那么就需要按照一定的角度（具体角度取决于车行速度）旋转时间轴，但无须旋转改变空间轴。

　　这种论调和我们刚刚建立的四维时空观念自相矛盾，尽管在经典物理学及所谓的"常识"角度其正确性毋庸置疑。实际上，若我们将时间作为独立的第四维度，那么无论我们乘坐公交还是电车，抑或是行走在人行道上，都要始终保持时间轴和三条空间轴的垂直！

　　由此，我们走到了思维的岔路口，只能在"保留传统的时空观念，放弃进一步思考统一的时间－空间几何学"和"打破'常识'，坚定地认为在全新的时空坐标中，空间轴和时间轴必然同时旋转，永保垂直（图35b）"这两个思想之间选择其一。

　　但是，旋转时间轴的实际意义在于，以行驶中的公交车为参照物，两个事件之间的空间距离与静止坐标系中不同（在公交车参照中，距离12个街区；静止坐标系中，距离16个街区）；同理，旋转空间轴的实际意义在于，以行驶中的公交车为参照物，两个事件之间的时间间隔与静止坐标系中不同。如此说来，以市政厅的时钟为计时工具，可知银行抢劫和飞机撞楼两个事件的时间间隔是15分钟；但若以公交乘

客所戴的手表为计时工具，那么二者的时间间隔绝无可能是
15 分钟——这种差异并非来源于手表的机械问题，而是因
为时间的流逝速度会随着车的行驶发生变化，作为计时工
具的手表等机械装置的行走速度便会相应变缓。不过，这
种车行速度的变缓带来的延迟几乎无法为人所察觉，因而
也就不值一提了（这一现象将会在本章后续内容进行详细
论述）。

　　接下来我们再举一例，假设行驶的火车上，一个男人正
坐在餐车内用晚餐。从餐车服务员的视角来看，他始终坐在
同一个位置（靠窗的第三张桌子），从开胃菜吃到上了甜点。
不过，若是车外铁轨上有两个始终站在原地的扳道工（扳道
工由车外看向车里），其中一个恰好看到了他吃开胃菜，另一
个恰好看到了他吃甜点，在两个扳道工的眼中，吃开胃菜和
吃甜点两个事件的发生地点相距数英里。总结起来就是，某
观察者看到了两个发生在同一地点、不同时刻的事件；某与
前一个观察者不在同一运动状态的观察者看到的是两个发生
在不同地点的事件。

根据时空等价的理论，我们将上述结论中"时刻"与"地点"两词互换，就会得到如下句子：某观察者看到了两个发生在同一时刻、不同地点的事件；某与他不在同一运动状态的观察者看到的是两个发生在不同时刻的事件。

将此说法套入餐车案例，就会发生如下情况：虽然餐车服务员赌誓发愿说，坐在车厢两端的两位乘客同时点燃了饭后香烟；但是站在轨道旁由外向里探看的轨道工却坚持宣称，火车驶过，其中一位乘客先于另一位乘客点燃了手中的香烟。

所以，在某观察员的眼中，两个事件同时发生；但在另一观察员的眼中，二者的发生却间隔了一定的时间。

以上结果在四维几何中是必然的，因为在四维世界中，空间和时间不过是固定不变的四维距离在空间轴和时间轴上的投影而已。

二、以太之风，天狼星之旅

现在请反躬自省一下，若对我们早已熟知、适应的时空观进行颠覆的目的只是为了运用四维几何学的语言，这真的正确吗？

若你认为正确，那么我们就要挑战以伟大的艾萨克·牛顿在 250 多年前定义的时空为基础的整个经典物理学，牛顿认为："绝对空间的本质在于它无关任何外部事物，自始至终稳定不动"，"在数学上，绝对、真实的时间的本质在于它无关任何外部事物，自始至终稳定流逝。"牛顿写下这两句话时，认为这就是普通人心中的时空，是无可争论、亘古不变的真理，而他不过是用自己的语言对其进行了描述而已！实践中，当时的人们也的确对此深信不疑，以至于哲学家都将其视为先验真理。从未有任何科学家（遑论门外汉）对此质疑，更不曾想过重新检视、定义时间和空间的概念。那么，我们为何要在这时再次考虑这一问题呢？

　　以下就是我们的答案：我们质疑经典的时空概念，在四维坐标系中进行时空的统一，并非是为了迎合爱因斯坦的审美要求，更不是为了展现他出众的数学天赋，而是因为在科学研究中，科学家们在实验中不断发现的、无法用"时间、空间彼此独立"的经典时空观进行解释的事实。

　　1887 年，美国物理学家迈克耳孙①所做的一个不甚起眼的实验，给了经典物理学重重一击。在此之前，经典物理学就像一座固若金汤、永垂不朽的精致城堡，这个实验就像吹起了响亮的约书亚的号角，结果导致经典物理学就像耶利哥的城墙一般随着号角倾倒②。迈克耳孙只是基于当时人们普遍认同的真理进行了一个简单的实验构想，这个真理就是：光是一种在人们构想的、均匀分布于宇宙之中、填满所有物质的原子间隙的名为"光以太"的物质中传播的某种形式的波。

---

① 迈克耳孙（Albert Abraham Michelson），生于 1852 年，卒于 1931 年，美国物理学家，主要研究领域为光学、光谱学，将自己的毕生心血都献给了光速的精密测量。——译者注
② 故事源于《圣经》，先知约书亚和祭司以及一群希伯来人被困在了死海北侧的耶利哥古城，约书亚令祭司们吹响号角绕城而行，随着百姓的呼应，城墙应声而倒。——译者注

向池塘中扔进一块石头，水波就会荡漾四散。音叉振动发出声响、明亮物体发出光亮，无不是以波的形式四散荡漾。只是，水分子的运动轨迹表现为水波荡漾，声波引发空气或其他介质振动发出声响，人们却无法找到光在其中传递的介质为何物。事实上，与声波相比，光能如此轻而易举地穿透空间，仿若空间中空无一物一样！

不过，在没有介质振动的情况引发光波传播，显然不合常理，所以物理学家们将"光介质以太"这一全新概念引入了进来。如此一来，就可以将一个实体主语加在"振动"之前，恰如其分地对光的传播进行解释。单纯就语法而言，所有动词必然都有主语，因此人们必然会承认"光介质以太"的存在。但是——"但是"这个词带来了很大的麻烦——尽管这一主语实现了我们语法正确的目标，可正确的语法却不能将它的物理性质展示给我们。

若我们仅仅因为"光波在以太中传播"，就用"光在其中传播的介质"来定义"光以太"，那这的确是个无懈可击的定义，可也的确是一句毫无意义、颠倒重复的废话。我们真正应该思考的问题应该是：光以太究竟为何物？它的物理性质如何？对于这些问题，只有物理科学能够给出答案，任何语法（哪怕是希腊语法）都不能提供一点帮助。

正如下文即将讨论的，做出了"光以太"具备与我们日常熟悉的普通物质类似性质的假设，是 19 世纪物理学所犯的最大错误。那个时候，人们谈论的话题包括"光以太"的流动性、刚度及各种弹性，甚至涉及它的内部摩擦力。因此出现了许多奇怪现象：例如，"光以太"在作为光波传播的介质时仿若一种能够振动的固体[1]，但它又表现出了堪称完美的流动性，使得所有天体都能在其中毫无阻碍地自由穿行，它也因此常常被形容成和封蜡类似的物质。事实上，在机械力的冲击作用之下，封蜡及其他类似物质表现出坚硬、易碎的特点；不过，若是长时间静置，它就会因为自身重力的作用似蜂蜜一般流动。经典物理学延续了这种看法，他们假设遍布宇宙的"光以太"就是此类物质，在光波振动的高速扰动之下，

---

[1] 当时研究发现，光波的振动是横向的，和光的传播方向垂直。对普通物体来说，振动粒子在液体和气体介质中，只能顺着波的传播方向运动，只有在固体中才能横向振动。——作者注

"光以太"会表现出坚硬固体的性质；然而在运行速度只有光速几千分之一行星和恒星面前，它又会表现得像具有完美流动性的"液体"一样，任由它们畅行其中。

可以说，对于一种我们只知其名的物质，假设其性质与普通物质的性质相似，这种类比自始至终就大错特错。尽管付出诸多努力，对于这种神秘的、传播光波的介质，我们仍然无法用合理的解释去说明它的力学性质。

根据现在掌握的知识，发现这些努力的错误之处十分容易。我们很清楚，事实上任何普通物质的任何力学性质都以构成物质的原子之间的相互作用力为基础。举例来说，正是因为水分子间的摩擦力极小，所以它们可以相对自由地滑动，这就是水具有高流动性的基础；橡胶分子的易变形性决定了它有较好的弹性；构成金刚石晶体的碳原子被刚性晶格紧密束缚决定了金刚石具有很高的硬度。所以说，各种物质的原子结构决定了它们的一般力学性

> 金刚石：俗称"金刚钻"，即钻石的原身，是一种由碳元素组成的矿物，也是石墨的同素异形体。金刚石是自然界中天然存在的最坚硬的物质。

质，然而，在"光以太"这种被认为是绝对连续的物质面前，这一规则毫无意义。

"光以太"完全不似我们熟知的由原子构成的物质，它是一种特殊类别的物质。我们只是出于给"振动"这一动词寻找主语的目的将其称为"物质"，事实上，我们却更愿意称其为"空间"。如前所见，后面也会再度提及，空间因为某些特定的形态或结构特点，所以不太符合欧几里得几何描述的概念。以现代物理学视角来看，"光以太"（除了力学性质之外）实际上等同于"物理空间"。

我们竟然扯到了"光以太"的语法和哲学分析，现在将话题重新聚焦到迈克耳孙的实验之上吧！正如前面说过的那样，这是一个构想十分简单的实验：若光是在以太之中传播的某种波，那么位于地球表面的仪器所测量的光速必然会受到地球在太空中运动的影响。我们站在围绕太阳运行的地球之上，必然会被"以太风"吹拂，这就像站在一艘快速航行的轮船甲板之上，就算天气温和，我们也会觉得大风拂面。当然，出于以太可以轻易穿透构成人体的原子缝隙的假设，我们对"以太风"没有任何感觉，但我们仍然可以探测以太风的存在，只要测量与地球运行方向成不同角度的光速即可。顺风声速比逆风声速大，这是人所共知的。同理，光相对于以太风的顺逆，也会对其传播速度造成影响。

出于记录不同方向传播的光速度差异的构想，迈克耳孙教授着手设计、建造了一套设备。当然，采用上文介绍过的斐索的仪器（图 31C），通过调节其方向记录测量数据，是完成这一构想的最简便方法。但是，这种方法对精确度的要求过高，大大降低了它的可操作性。我们确实必须保证所有测量的精确度，因为预想的差值（和地球运动速度相等）大约只有光速的万分之一。

若你手上有两根长棍，它们的长度相差无几，但你要测量二者的准确长度差，那么对齐一段，测量另一端的长度差就是最简单的办法。这种办法的名字叫作"零点法"。

图 36 是迈克耳孙教授的实验设备，正是运用零点法对光在垂直方向上的速度差进行比较。

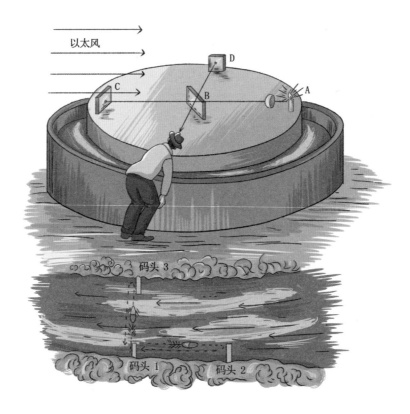

以太风

图 36

　　设备的核心部件是一块半透明的镀银薄玻璃板 B，它大概会反射 50% 入射光，剩余 50％ 入射光则会穿透。如此一来，光源 A 发出的光束就被分成了两束等量且相互垂直的光。二者由和中央板 B 等距的镜子 C、镜子 D 反射回中央板 B。从 D 返回的一部分光束会穿透薄镀银层，和从 C 返回的部分光束合而为一。所以，被设备中的 B 分开的两束光会在进入观察者眼睛时重新合而为一。根据世人皆知的光学原理，这两束光会相互干扰，形成亮暗条纹且肉眼可见。若 BD 和 BC 等距，那么两束光返回中心的时间相同，图像的中心应当是亮暗条纹中的亮纹。若二者不等距，那么两个光束无法同时到达，条纹就会出现或左或右的偏移。

　　因为整套装置都位于地球表面，且地球在空间之中高速运动，因此实验设备必然会受到以太风的吹拂，且风速等于地球运动速度。举个例子，假设以太风如图 36 所示，由 C 吹到 B，那么我们想一想，这会对两束快速赶往交会点的光的速度产生何种影响？

　　请不要忘记，二者之一先是逆风而行，接着顺风而归；

而另一束则是以垂直以太风的方向来回，而这之中谁会最先返回呢？

你可以想象一条如图36所示的河流，一艘摩托艇先是由1号码头逆流驶向2号码头，接着顺流返回1号码头。在前半段航行中，水流会阻碍摩托艇的行驶，但在后半段中，却会加速摩托艇的行驶。也许你会在心里想，二者相抵，但这却不是事实。为了方便理解，我们假设船速和水速相等。在此条件之下，摩托艇根本无法从1号码头抵达2号码头！不难看出，水流速度始终都会使其在静水中的往返时间延长一定倍数，这个倍数的表达式如下：

$$\frac{1}{1-(\frac{V}{v})^2}$$

其中v是船速，V是水速[①]。因此，假如船速等于十倍的水速，那么新的往返时间是静水往返时间的：

---

① 实际上，如果设码头距离为 ι，那么顺流船速始终为v+V，逆流船速始终为v-V，往返耗费的总时长为：

$$t=\frac{\iota}{v+V}+\frac{\iota}{v-V}=\frac{2}{(v+V)(v-V)}=\frac{2}{v^2-V^2}=\frac{2}{v}\cdot\frac{1}{1-\frac{V^2}{v^2}}$$

——作者注

$$\frac{1}{1-(\frac{1}{10})^2} = \frac{1}{1-0.01} = \frac{1}{0.99} = 1.01（倍）$$

意思是说，此种情况下往返时长比在静水之中所用时长多百分之一。

同理，可以算出横渡河流所延误的时长。想要横渡河流，由 1 号码头前往 3 号码头，就要弥补水流引发的漂移，因此摩托艇航行时，航向需要有所倾斜。因而，会缩短延误的时长，渡河所需时间相对于静水往返时间的倍数为：

$$\sqrt{\frac{1}{1-(\frac{v}{V})^2}}$$

意思是说，若船速仍旧等于十倍的水速，那么横渡时所需时间会比静水往返时间延长千分之五。因为公式的证明难度较低，所以留给好奇的读者自己去证明。接下来，我们将以太看作河流，将在其中传播的光波看作摩托艇，将设备中的镜子看作码头，摩托艇渡河也就变成了迈克耳孙的实验方案。光束由 B 至 C 再返回 B，所用时间相对于原来时长的倍数为：

$$\frac{1}{1-(\frac{v}{c})^2}$$

其中，C 表示"以太"中的光速。而光束由 B 至 D 再返回，所用时间相对于原来时长的倍数为：

$$\sqrt{\frac{1}{1-(\frac{v}{c})^2}}$$

已知，"以太风"的风速和地球运动速度相等，即 30 千米 / 秒，光速为 3×10^5 千米 / 秒，计算可得，两束光的延迟时间分别为万分之一和十万分之五。所以，在迈克耳孙设备的帮助下，应该能够比较容易地观测到平行"以太风"光束和垂直"以太风"光束的速度差异。

迈克耳孙竟然没有在实验中观测到干涉条纹的丝毫位移，你应该能够想象到，他会多么震惊！

这说明，无论是平行于光的传播方向还是垂直于光的传播方向，"以太风"都不会影响光速。

这个结果惊人到令迈克耳孙本人都无法相信的地步，但经过多次审慎的实验验证，他也只能承认，这个结果虽然惊人却正确无误。

我们只有大胆假设才能对这一出人意料的结果做出唯一可能的解释，那就是，地球在太空中运动的过程中，迈克耳孙实验中镜子所在的巨大石桌，会随之发生较为轻微的收缩（这就是菲茨杰拉德收缩[①]）。事实上，如果 BD 的距离不变，而 BC 的距离缩短为原距离的：

$$\sqrt{1-\frac{v^2}{c^2}}$$

倍，那么两束光就会耗费相同的延迟时间，所以干涉条纹仍然居于中央。

不过，这种"桌子收缩"的解释容易描述却难以理解。我们的确知道物质在大阻力介质中运动时会产生一定收缩，譬如说，在湖面行驶的摩托艇，会因为螺旋桨的推动力及湖

[①] 这个名字源自第一位提出这一概念的物理学家，他认为收缩是一种运动引发的纯粹机械效应。——作者注

水的阻力而遭受挤压，但制造船体的材料的强度却是决定其机械收缩程度的因素。在外力相等时，钢船的收缩程度必然小于木船。不过，在迈克耳孙实验中，因收缩效应而产生的意外结果，却与所用材料的强度无关，只受到运动速度的影响。也就是说，将安装镜子的石头桌子换成铁质桌子、木质桌子或者任何其他材料的桌子，都不会影响其收缩程度。所以，我们意识到，这其实是一种会让所有运动物体收缩完全相同程度的普遍效应。换而言之，正如 1904 年爱因斯坦教授对此进行的描述：我们讨论的收缩源于空间本身，所有身处空间的物体，只要运动速度相同，就会收缩程度相等。

在前两章，我们讲述了许多关于空间性质的内容，因此现在看上述内容还算合乎情理。为使大家理解起来更加容易，我们可以将空间想象成具有良好弹性的、把不同物体边界都囊括其中的果冻。若是挤压、拉伸或者扭曲空间，那么所有身处其中的物体，也会相应地改变自身形状。我们需要严格区分由空间变形引发的物体变形及由外力引发的物体内部产生张力导致的变形，因为二者完全不同。仔细观察一下

图 37 所示的二维空间，对我们理解这种区别大有裨益。

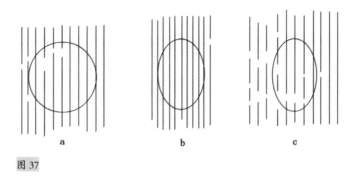

图 37

　　只是，尽管空间收缩效应关乎我们对物理学基本原理的理解，但人们在日常生活中仍然对它关注甚少，因为和光速相比，我们日常中的最快速度也很微不足道。譬如，一辆汽车以 50 英里／小时的速度向前行进，也不过缩短为原有长度的 $\sqrt{(1-10^{-7})^2} = 0.99999999999999$ 倍，这辆汽车由车头到车尾缩短的总长度也不过只有一个原子核的直径长！一架喷气机，以大于 600 英里／小时的速度飞行时，缩短的长度也不过相当于一

星际火箭：能把航天器发射到星际轨道。一般由多级火箭组成，首先由一至两级化学火箭把航天器送入绕地停泊轨道，等待合适的发射窗口，再由上面级火箭把航天器送入星际轨道。

个原子的直径；一友长度 100 米的星际火箭，以大于 25，000
英里的时速飞行时，缩短的长度也不过百分之一毫米。

不过，当物体的移动速度达到光速的 50％、90％甚至
99％时，那么其长度相对于静止时将会缩短至 86％、45％和
14％。

对这种高速运动物体的相对收缩效应，可以用一位佚名
作者的打油诗来进行描述：

　　　　"小伙名叫菲斯克，

　　　　出剑迅速似闪电。

　　　　奈何空间在收缩，

　　　　长剑顿成小铜锣。"

不过，这位名为菲斯克的先生，出剑得真的迅似闪电才
可以！

所有运动物体表现出的普遍收缩现象，都可以从四维几何学的角度加以简单解释，那就是：恒定不变的物体四维长度，因为时空坐标轴的转动，在时空轴上的投影产生了变化。实际上，你应该对上节我们讨论的内容记忆犹新，那就是用时空轴旋转一定角度的坐标系来描述以运动系统为参照系进行的观察，且运动速度对旋转角度起决定作用。所以，若将某个四维距离在静止参照系下在空间轴的投影看作百分之百（图 38a），那么其投影在全新时间轴上时，必然会缩短（图 38b）。

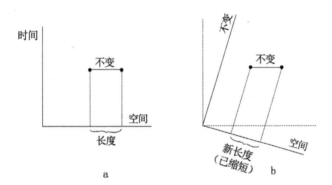

图 38

　　一个需要铭记于心的关键点是，我们预期的收缩是对于两个相对运动的系统而言。若我们思考的是一个相对于第二个坐标系统静止的物体，那么代表它的就是一条与新空间轴平行的、长度不变的线，所以，它在原有旧坐标系中的空间轴投影反而会以同样倍数缩短。

　　所以说，我们本无必要区分"真正"运动的是哪一个系统，这也没有实际的物理意义。确定二者是否相对彼此运动，才是唯一的关键。所以，未来若是某家"星际交通公司"的两艘高速飞行的载客火箭飞船相遇在地球和土星之间的太空，透过舷窗，飞船上的乘客发现另一艘飞船缩短了不少，却对自己乘坐飞船的缩短不自知。此情此景，没有任何争论"真正"缩短的是哪艘飞船的必要，因为所谓缩短都不是以自身乘坐的飞船来看，而是就对面乘客的视角而言。[1]

　　这种四维的思考方式可以帮助我们理解，为何只有运动

---

[1] 当然，以上画面都只存在于理论之中。如果现实中真有两艘飞船以上述速度相遇，那么乘客根本无法看清另一艘飞船，这就像你无法看清飞行速度不足飞船速度零头的子弹从枪中射出一样。——作者注

不过，若飞船的飞行速度真的能够接近光速，那么你就完全没有必要为这事操心。其实，若飞船的飞行速度能够达到光速的 99.99999999 %，那么你的手表、心脏、肺脏、消化和思维过程就会放慢 7 万倍，从你的角度来看，地球人眼中往返于地球和天狼星需要耗费的 18 年，

> 天狼星：又称大犬座 α 星，是除太阳以外全天最亮的恒星。在中国古代，这颗星指代入侵的异族，人们认为它的明暗变化预示边疆的安危。

不过是数个小时而已。事实上，若你用完早餐就从地球出发，大概在午饭时间，飞船就会在天狼星的卫星上降落。若你抓紧时间，吃完午饭立即返程，那么能赶在晚饭前回到地球也不无可能。只是，若你未能将相对论规则铭记于心，那么回到家时难免大吃一惊：因为你会发现，你的朋友亲戚都认为你早已消失在了茫茫太空，你缺席的这些年，他们吃下的晚餐竟然多达 6570 顿！只是在以接近光速飞行的你的感觉之中，地球上的 18 年不过是一天而已。

不过，若你能以超光速的速度运行，又会如何呢？部分答案就藏在另一首关于相对论的打油诗中：

"妙龄女子名布莱，

行动迅速比光快。

朝离家门去出游，

昨夜已归在家中。

爱因斯坦常感慨，

世人只说真奇怪！"

我们可以肯定地说，若以接近光速的速度运动能够放慢时间，那么速度超过光速就能倒转光阴！除此之外，随着勾股公式根号下代数符号的变化，时间坐标将会变成实数，并因此代表空间距离；同理，超光速系统中的全部长度都会越过零点变成虚数，代表时间间隔。

若上述内容成真，那么，图33中，爱因斯坦把尺子变为闹钟之事也会成真，只要他能以超过光速的速度完成这一过程。

不过，虽然物理世界比较疯狂，但也没有疯狂至极，这种黑魔法显然无法成真。原因简而言之就是：不存在可以达到或者超过光速的物体运动速度。

无数实验已经为这一自然公理的物理基础提供了证明：物体的运动速度趋近光速时，其惯性质量（指对运动物体加速造成的机械阻力）就会趋于无穷大。所以说，若是手枪子弹运动速度达到光速的 99.999 999 99％，那么它就会表现出相当于一枚 12 英寸炮弹的惯性质量。当其速度达到光速的 99.999 999 999999 99％ 时，这颗小小子弹的惯性阻力就会与重载货车相当。不管我们如何费尽努力地推动这颗子弹，永远也不可能征服最后一位小数，让其速度与宇宙中的极限速度相等！

三、弯曲的空间和重力之谜

可怜的读者一定都被前面二十多页关于四维坐标系的内容弄得叫苦不迭，在此我深表歉意，接下来我们即将漫步于

"弯曲的空间"这一领域。对于曲线和曲面大家都不陌生，可是"弯曲的空间"是何物呢？在头脑中对其进行描摹的确困难重重，不过这倒不是因为这一概念本身有何奇特之处，而是因为我们身处其中，只能由内部对其进行观察，而无法像观察曲线、曲面那样从外部对其进行观察。我们需要先想象一下生活于二维平面的影子生物，以便深入理解人类生活其中的三维空间的弯曲。图 39a 和图 39b 所示的，是生活于二维平面和曲面的影子科学家正在对其生活其中的二维空间几何学进行研究。由三条直线连接三个点构成的三角形当然是可供研究的最简单的几何图形。读者大概还记得几何课本中的内容：平面中任意三角形的内角和都是 180°。不过，我们很容易就能发现，画于球面的三角形并不符合上述定理。其实，从地理角度来看，球面上由两条经线及一条纬线相交而成的三角形，其位于底部的两个角都是直角，位于顶部的角有可能是 0° 到 360° 间的任意角度。例如，图 39b 所示的两个影子科学家正在研究的是一个内角和为 210° 的三角形。由此可见，这些影子科学家没有从外部观察身处其中的二维世界的必要，只需要测量二维世界中的几何图形，就能发现他们所处的是一个弯曲空间。

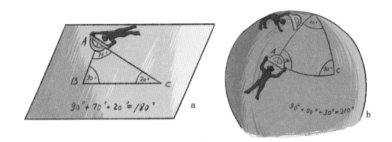

图39 身处二维世界平面、曲面之上的影子科学家们正在研究欧几里得的三角形内角和定理。

在比二维多一个维度的世界中采用这种观察方法,我们可以知道:身处三维空间的人类科学家无须脱离三维空间进入第四维度,只要测量空间里三点相连的直线所成夹角,就能做出空间是否弯曲的判断。若三角形内角和是180°,空间就没有弯曲,是平坦的;否则空间必然是弯曲的。

不过,在对此问题进行深入讨论前,我们首先需要明确"直线"一词的含义。读者观察完图39a及图39b中的两个三角形之后,很可能会说,只有如图39a所示的平面上三角形的边才是直线,而图39b所示的球面上的两条边实际上是从球面大圆① 上截取的一段弧线，是弯曲的。

　　这种说法是以我们的几何常识为基础的，它和影子科学家以二维空间为基础的几何学理论相违背。我们需要用一个通用的数学定义去定义直线，使其既能符合欧几里得几何学，又能适应曲面及性质更加复杂的空间。要满足这一要求，可以把"直线"的概念描述成曲面或空间之内两点之间距离最短的线。当然，在平面几何范畴内，这一定义就是通常意义上的直线；但就复杂的曲面而言，符合这一定义的"直线"不止有一条，它们在自己所在面上充当的角色与普通直线在欧几里得几何中的角色并无差别。为免混淆，我们用"测地线"来命名曲面上两点之间距离最短的线。测地线的概念最初源自一门测量地球表面的名为测地学的学科。其实，我们平常提到纽约与旧金山之间的直线距离，也是指地球表面上"两点之间的最短路线"，而不是用想象中的大电钻打穿地球。

　　按照上述定义，"广义上的直线"或者说"测地线"是指两点之间的最短距离，我们可以通过在两点之间拉起绳

---

① 大圆是指赤道或经线那样的，经过球心的平面上的圆。——作者注

子这一简单的物理方法来做出这样的直线。若如上操作在平面上进行，得到的就是一般意义上的直线；若在球面上操作，那么绳子就会沿着大圆绷紧，得到的就是球面上的测地线。

我们可以用这一简单方法验证我们身处其中的是平坦的三维空间，还是弯曲的三维空间。只需在空间中的三点之间拉上绳子，然后看看这个三角形的内角和是不是180° 即可。不过，在实验中需要将两个要点谨记于心：一是，由于小范围的曲面或者弯曲空间都可近似视作平坦，因而必须进行大范围测量。就像我们无法通过测量小小的后院来发现地球是一个球。二是，二维平面或者三维空间可能存在平坦区域，也存在弯曲区域，所以要尽量对不同区域进行全面测量。

爱因斯坦提出的伟大的广义弯曲空间理论中包含着如下假设：质量巨大的物体周围的空间会弯曲，且物体质量越大，空间曲率越大。我们可以通过如下操作对这一假设进行验证：如图 40a 所示，在某座大山周围打三根木桩，找根绳子围绕木桩拉紧，测量这个绳子三角形的内角角度。不过，你要尽量挑选最大的山——甚至喜马拉雅山也无不可——结果是,在考虑了所有误差之后,绳子三角形的内角和恰好等于180°。不过,这一结果并不必然说明爱因斯坦有错,也不必然说明巨大质量物体的周围空间不会弯曲;或许事实就是,连大如喜马拉雅山这样的巨大物体也无法引起足以被精密仪器记录下的空间弯曲。相信读者们还未忘记伽利略试图用光闸提灯测量光速时遭遇的惨败(图31)!

所以,不要泄气,我们需要鼓起勇气,寻找一个更大质量的物体,比如太阳。

看,实验成功了!若你找到两颗恒星,使得两颗恒星及地球这三点组成的三角形将太阳包围起来,那么你就会发现,很明显,这个三角形的内角和不是180°。若你说,没有能实现这一目标的长绳子,那么把绳子换成光束,结果并不会发生改变,因为光传播时总是沿着最近路线——这是光学中的原理。

图 40 a

图 40 就向我们展示了用光束测量角度的实验。进行观测时，太阳两旁的两颗恒星 S_I 和 S_{II} 发出两束光可以经经纬仪测量出角度。随后，太阳离开三角形，重复上述实验，比较两次测量结果。如果结果发生变化，就能为"太阳质量改变周围空间的曲率、使光线偏离原有路径"这一观点提供证据。这一实验由爱因斯坦最先提出，他的最初目的是验证自己的理论。图 41 是实验的二维类比图，可以帮助读者对实验原理有一个更清晰的理解。

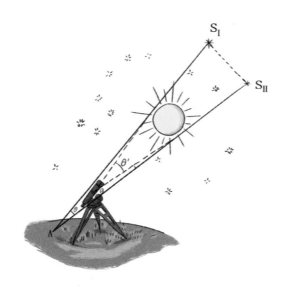

图 40 b

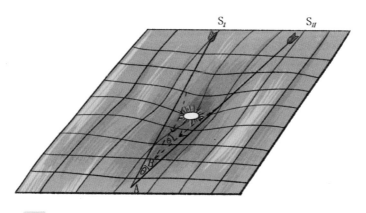

图 41

不过，爱因斯坦的实验在一般情况存在一个现实障碍：太阳的明亮光芒使你根本无法看清其四周的星星；不过，若是碰到日全食，即使是白天，也能清楚地看到天上的星星。为了避免现实障碍，完成实验，1919年，来自英国的天文考察队远赴观测日全食的最佳地点——位于西非的**普林西比群岛**。测量结果显示。太阳存在与否，使得两颗恒星产生了 1.61″±0.30″ 的角度差，而爱因斯坦理论预测的角度差是 1.75″。此后多次实验得出的结果都较为接近。

> 普林西比群岛：
> 非洲几内亚湾东南部
> 火山岛，地势崎岖多
> 山。终年高温多雨，森
> 林茂密。主要种植可
> 可、咖啡、甘蔗、油棕
> 和椰子等热带作物。

1.5″的角度的确算不上多大，不过，这个差值足以为"太阳的质量的确会引发周围空间的弯曲"这一观点提供证据。

若将太阳替换成其他质量更大的恒星，那么这个三角形的内角和与欧几里得三角形内角和的差异会达到几分甚至几度。

　　身处其中的我们，要想习惯三维空间弯曲的概念，需要大量时间和丰富的想象力。但是，只要思路正确，你就会觉得它清晰且明确，一如我们熟知的经典几何学概念。

　　我们需要迈出最后关键性的一步，才能完全理解爱因斯坦的空间弯曲理论及其与万有引力基本问题之间的关联。需要谨记的是，所有物理现象的背景都是四维时空，上述讨论的三维空间只是四维时空的一部分。所以说，三维空间的弯曲是四维时空世界中更普遍弯曲的一种反映，代表三维空间的光线和物体运动的四维世界线，在超空间之中必然是曲线。

　　从这个角度进行研究，爱因斯坦得到了如下重要结论：四维时空世界的弯曲催生了引力现象。其实，"星星围绕太阳做圆周运动是因为太阳对星星具有引力"这一古老看法是不准确的，是应当抛弃的；准确说法如下：太阳的质量使周围时空发生弯曲，行星的世界线之所以成为图30那样，不过是因为那个弯曲空间的测地线就是这样。

　　如此一来，空间的纯粹几何概念取代了作为一种独立的力存在的引力的概念，前者在我们的推理之中消失了踪影。在新概念中，所有物体都在大质量物体引发的弯曲空间中，沿着"直线"或测地线运动。

📝 四、闭合空间和开放空间

我们需要对"宇宙是有限抑或无限"这一爱因斯坦时空几何理论中的另一重要问题进行讨论之后才能结束本章。

截至目前，我们讨论的话题一直都是巨大质量物体周围空间的局部曲率，如果把宇宙比作一张大脸，那么巨大质量物体就像是大脸上的各种"粉刺"。可是，除了这些局部的凹凸，宇宙这张大脸的整体面貌是弯曲还是平坦呢？若是弯曲的，形状又是如何？在图 42 中，我们用二维图解描绘了一个"面带粉刺"的平坦空间及两种可能的弯曲空间。若空间对应的是球面或其他任意封闭的几何面，不管你朝哪个方向走，空间总是"朝同一方向"弯曲，这样的空间就是"正曲率"空间。相反，空间如果像西部马鞍一样，在一个方向朝上弯曲，在另一方向又朝下弯曲，就是"负曲率"空间。只需简单操作，你就可以清楚地发现这两种弯曲空间的区别：试着展平从足球和马鞍上各取下的一块皮革，你会发现，只有经过拉伸或压皱，才有可能将其展平；而且，只有经过拉伸才能展平足球上剪下的皮革，只有经过压皱才能展平马鞍上剪下的皮革。因为，足球上的皮革，中心点四周的材料不足，以至于不拉伸无法展平；马鞍上的皮革，中心点四周的材料过多，以至于不叠压起来根本无法展平。

换而言之，我们可以通过对曲面中心点周围 1 英寸、2英寸、3 英寸范围内的"粉刺"数量进行计数，来判断曲率。在曲率为 0 的平面上，"粉刺"数量会随着距离的平方数，按1、4、9 这样的规律增加；在正曲率的球面上，"粉刺"数量的增加速度慢于平面；在负曲率的马鞍面上，"粉刺"数量的增加速度快于平面。如此一来，生活在二维平面之上的影子科学家，虽然无法跳出平面由外部观察其生活的世界，但是他们可以通过对不同半径范围内的"粉刺"进行计数，判断空间曲率。还有就是，三角形的内角和也能反映正、负曲率

空间的差异。如上节所见，球面上的三角形的内角和总是比
180° 大；但若你尝试在马鞍表面上画一个三角形，你就会注
意到，此处三角形的内角和总是比 180° 小。

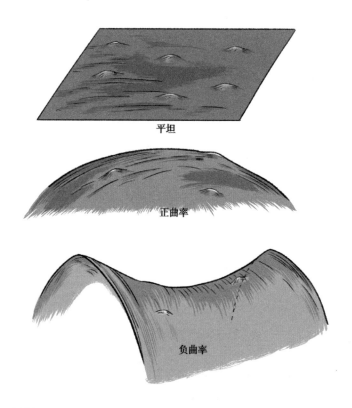

图 42

将上述二维空间的观察结果推广到弯曲的三维空间,就会得到如下表格:

空间类型	远距离的表现	三角形内角和	体积增加情况
正曲率 (类球面)	自我封闭	> 180°	比半径的立方慢
平坦 (类平面)	无限伸展	=180°	和半径的立方相等
负曲率 (类马鞍面)	无限伸展	< 180°	比半径的立方快

根据这张表格,我们可以试着找出空间是否有限这一问题的答案。我们将在第十章详细论述这一和宇宙大小有关的问题。

第三部分　微观世界

第6章　下行的阶梯

一、古希腊人的观念

最好的分析物体性质的办法是，从日常熟知的"普通尺寸"物体入手，然后不断向其内部结构深入，探寻肉眼不可见的所有物质性质的终极源头。既然这样，我们的讨论就从你餐桌上那碗浓浓的蛤蜊汤开始吧！蛤蜊浓汤被选为讨论对象，并非是因为它鲜美的味道和丰富的营养，而是因为它是"非均质混合物"的上好代表。无需显微镜，你用肉眼就能看到汤中的蛤蜊片、洋葱块、番茄块、芹菜段、土豆块、胡椒粒和小油花，这些东西全部混合在一碗加盐溶液之中。

其实，日常生活里的大部分物质，尤其是有机物，都是非均质的混合物，只是我们要想认识到这一点离不开显微镜的帮助。举例来说，只要稍加放大，你就会看到，牛奶实际上是一种小滴奶油悬浮在白色液体上形成的薄乳状液。

普通的园艺土也是一种精细的混合物，混合物中有石灰石、高岭土、石英、氧化铁、其他矿物质、盐分子，还有动植物腐败而形成的各类有机物。若我们打磨、抛光一块普通的花岗岩，组成它的三种不同物质（石英、长石和云母）的小晶体就会立即出现在你的眼前，这些晶体紧紧聚在一起，成为坚硬的固体。

分析非均质混合物的组成成分只是我们研究物质内在结构的第一步，形象地来说，这只是下行阶梯的最上层级。紧接着，我们即将开始对混合物中的均匀物质的内部结构展开研究。在显微镜下观察真正均匀的物质——譬如一根铜线、一杯清水或者是充斥房间的空气（当然是将空气中的悬浮尘埃除去之后），它们的组成部分没有任何差异，自始至终均匀且连续。的确，在高倍显微镜下观察铜丝和其他任何固体（把不结晶的玻璃材料固体除外），都会看到一种名为"微晶"

的结构。不管是铜线中的铜晶体，还是铝锅中的铝晶体，这些均匀材料中的所有单独晶体都具有完全相同的性质，即使你抓一把食盐放到显微镜下，看到的也只是氯化钠晶体。在一种被称为"缓慢结晶"的特殊技术的帮助下，我们可以任意制造出个头足够大的盐、铜、铝或其他任何均质物质的晶体，它们会像水和玻璃那样，始终保持均匀。

既然肉眼所见和最高倍数的显微镜的观察结果一致，那么我们是否可以认为，不管把这些均质物质放大多少倍，它们始终不会变样？换而言之，我们是不是可以认为，对于铜、盐或者水这样的均匀物质，不管我们取多么微小的样本，都不会改变其性质，且能够对其进行进一步分割？

这个问题的第一提出人和第一个试图对其进行解答的人，是生活在 2300 多年前的希腊哲学家德谟克利特①。对于这一问题，德谟克利特给出了否定答案。他的观点是，不管

① 德谟克利特（Democritus），大约生于前 460 年，卒于前 370 年，是伟大的唯物主义哲学家。德谟克利特将原子核虚空视为万物的本原，他认为，原子是无法进一步分割的物质微粒，虚空则是原子运动的场所。——译者注

物质的均匀程度多高，也一定是由大量（他也不知道具体数目）独立的极小粒子（他也不知道究竟有多小）组成。德谟克利特将这种微粒称为"原子"或"不可再分之物"。不同物质拥有不同数量的原子，或不可再分之物，不过，物质性质的差异只是表象而非本质。火原子和水原子虽然看似不同，但本质完全一样。其实，世间万物都是由稳定的相同原子构成。

和德谟克利特同处一个时代的恩培多克勒持有不同观点，他认为世界有数种原子，原子按照不同比例组合，就形成了形态各异的物质。

以当时有限的化学知识为依据，恩培多克勒将原子和基本物质相对应，把原子分成了土、水、气、火四种。

在恩培多克勒看来，土原子和水原子——紧密结合就会形成土壤；土壤的肥沃程度取决于二者的结合程度。破土而出的植物，成分为土原子、水原子以及源自太阳的火原子，三者组合形成了复合的木头分子。水原子消失，木头变干，点燃干木头，木头分子就会重新分解为原本的火原子和土原子；火原子随火焰飘散四逸，土原子则在灰烬中长存。

尽管根据现在的知识，这个解释大错特错；但是在那个科学萌芽时代，这套解释植物生长及木头燃烧的说辞，也不无道理。古人或者你——若你未曾学过，恐怕也不会知道——并不知道，植物生长所需的大部分物质来自空气，而非土壤。土壤的作用主要是支撑植物、提供水分、供给植物生长必需的一小部分盐类；培植一棵大大的玉米，只要有顶针大小的土壤就够了。

其实，空气远不像古人以为的那样纯粹，而是由氮气、氧气和一定量的二氧化碳组成的混合物，二氧化碳的分子则是由氧原子及碳原子构成。在阳光的照耀下，大气中的二氧化碳被植物绿叶吸收，和根系吸收的水分反应生成可供植物生长的各类有机物。反应过程中，植物会向大气释放一些氧气，因而才有了"绿色植物可以清新空气"的说法。

随着木头的燃烧，木头中的分子再次和空气中的氧气相结合，反应生成二氧化碳及水蒸气，伴着火焰四散而出。

世界上并不存在"火原子"，因而植物之中也不可能含有"火原子"。在这个过程中，阳光只提供能量，帮助植物分解二氧化碳，将其转化为可供植物吸收的养分；因为世界上并没有火原子，所以燃烧过程也不能解释为火原子的"逸散"——火焰其实是大量高热气体流，只是燃烧释放的能量让这些气体为肉眼可见而已。

现在让我们通过案例，对古今化学变化的观点差异加以深入说明。你肯定知道，所有金属都是将矿石在高炉中经过高温冶炼而得。古时候的科学家认为矿石和一般岩石完全一样，因为乍一看去，大部分矿石和一般的岩石的确差别不大，所以，他们这么想不足为奇。但是，在一块铁矿石被放进燃烧的火焰之中时，他们注意到了一种坚硬、发亮的物质——这和一般岩石的产物迥然不同——非常适合用来制作刀具和矛头。要对这种现象加以解释，最简单的说法就是宣称土和火结合就会生成金属，换而言之，金属分子由土原子和火原子结合而成。

在解释完金属的一般性质后，他们尝试用此理论解释铁、铜、金等各种金属的性质差异；他们认为，这些金属之所以性质不同，原因在于形成金属的土原子和火原子比例不同。明眼人一下子就能看出闪亮的黄金比暗沉的黑铁包含的火原子要多，不是吗？

顺着这个思路，他们想：为何不往铁或铜中加入一些火，这不就能生成珍贵的黄金了？就这样，中世纪那些颇具实践头脑的**炼金术士**在烟雾缭绕的炉火旁，为了用廉价金属炼制"人造黄金"，耗费了大量时间和心血。

> 炼金术士：古时使用炼金术的人，相当于现在的化学家。他们试图通过特殊方法，将普通金属变成"贵重金属"，或制成丹药。其中多种手法被现代科学沿用，如蒸馏等。

就古人观点而言，他们所做十分合理，就如现代化学家想方设法制造合成橡胶一样；但他们的理论和实践的错误在于，认为黄金及其他金属不是基本单质，而是合成物质。可是，如果不经尝试，又如何能区分孰为基本单质，孰为复合物质？若非早期这些科学家徒劳无果地想要把铜铁炼制成金银，也许我们永远不会知道，金属是基本化学单质，富含金属的矿石才是由金属原子和氧原子结合生成的化合物（其在现代化学中的名称为金属氧化物）。

　　和古时候炼金术士所想相反，铁矿石在高炉的高热环境下并非由土原子和火原子结合生成金属铁，炼铁的过程实际是原子分离的过程——将氧原子从铁氧化物中分离出来。潮湿环境中的铁制品会生锈，也不是分解作用导致火原子散逸，只留下了土原子；而是因为铁原子和空气或水中的氧原子因化合作用生成了氧化铁[1]。

---

[1] 所以，于炼金术士而言，加工铁矿石可以用如下方程式表示：

土原子 + 火原子→铁分子
（矿石）

铁生锈的方程式为：

铁分子→土原子 + 火原子
（铁锈）

但我们却会用如下方程式代表上述两个过程：

氧化铁分子→铁原子 + 氧原子
（铁矿石）

和

铁原子 + 氧原子→氧化铁分子
（铁锈）

——作者注

　　通过上面的论述，我们注意到，古代科学家的错误不在于其对物质内部结构和化学变化过程的认识，而是其对基本元素的错误认识。恩培多克勒所说的四种基本物质其实都不是现代化学学科中真正意义上的基本"元素"：空气是数种气体混合而成的混合物；水分子是由氢原子和氧原子构成的化合物；土和石头则是由许多元素组成的成分复杂的混合物；火原子本就不曾存在[1]。

　　事实上，自然界中的化学元素总数是 92 种[2]，而非 4 种。92 种化学元素之中，譬如氧、碳、铁、硅（大部分岩石的主要成分）等元素，不仅为人所熟知，而且大量存在于地球之上；可有些譬如镨（pǔ）、镝（dī）、镧（lán）等元素，十分罕见，你可能从未听说过。在自然元素之外，几种前所未有的化学元素已被科学家成功研制出来。这方面内容，本书会在稍后部分加以介绍；注定要在原子能释放中（不管是引发战争还是捍卫和平）崭露头角的"钚"（bù）元素就是这些新

[1] 在光量子理论中，火原子获得了部分新生，我们将在后续内容加以介绍。——作者注

[2] 在 2001 年公布的国际原子量表中，共有 115 种元素。——译者注

元素之一。这 92 种基本化学元素通过不同比例的相互结合，形成了如石油和黄油、石头和骨头、草药和炸药等各式各样的化合物，还有其他一些如甲基异丙基环己烷、氯化三苯基吡喃嗡的复杂分子——优秀的化学家必须熟记其名，一般人连一口气读出其名都困难。为了总结无穷无尽的原子组合的性质、制作方法，人们正笔耕不辍地书写一卷又一卷的化学手册。

✏️ 二、原子有多大？

德谟克利特和恩培多克勒对原子的认识基于一种模糊的哲学思想，那就是：我们不可能将物质无限分割成愈来愈小的部分，它们终将会成为一个无法再分的最小单元。

根据基本化学定律可知，符合特定质量比例的化学元素才能结合成化合物，且可以通过此质量比例看出单个原子的相对质量。而对基本原子及其在化合物中的情况进行准确认识是理解化学基本定理的基础，所以现代化学家口中的原子，意思清晰明确。据此，化学家推算得出：氧原子的质量是氢原子质量的 16 倍，铝原子质量是氢原子质量的 27 倍，铁原子质量是氢原子质量的 56 倍。不过，虽然元素的相对原子质量是化学中最重要的基本信息，但是，由于原子的实际质量不会对化学现象、化学定律和化学方法产生任何影响，所以将"克"作为单位的原子实际质量显得无足轻重。

不过，若研究原子的是一个物理学家，那么他首先要问的问题肯定是："一个原子是几厘米大？几克重？一定量的物质之中原子或分子数量是多少？是否可以设法观察、计算、操作单个原子或分子？"

估算原子或分子大小的方法不胜枚举，有一种最为简单的办法，若是德谟克利特和恩培多克勒能够想到，根本无需现代实验设备，就能成功完成。若原子是组成某种物质的（例如一根铜线）最小单位，那显然，没人能够将其压制成比原子直径更薄的薄片。所以，我们可以拉长铜线，直到这根铜线被拉长为一条单原子细线；或者我们可以锤打它，直到把它锤打成薄如原子直径的薄片。无论是铜线，还是其他任何固体材料，这都是一项几乎无法完成的任务，因为它们总是会在达到预设厚度之前断裂。不过，我们可以相对轻松地把像水面上薄薄的油一样的液体材料，铺成薄薄的、平行分布、没有重叠的单原子"薄毯"。若你足够细心又足够耐心，那么可以亲自操作一下，用这个简单办法测量估算出油分子的尺寸。

找一个如图 43 所示的浅且长的容器，放在桌子或者地板之上，保持绝对水平。往容器中倒满水，在水面上横着放置一根金属丝。这个时候，若你往金属丝这边的水面上滴一小滴油，油就会铺满这侧水面。现在，将金属丝向着远离油膜的方向移动，随着金属丝的移动，油膜会越铺越大，越变越薄，最后，可以实现油膜厚度和油分子直径相等的目标。油膜达到分子直径后，如果继续移动金属丝，那么连成一片的油膜就会破裂，出现水孔。向水中滴进去的油量是已知的，达到分子直径时的油膜面积也是已知的，只需简单计算就可得出油分子的直径。

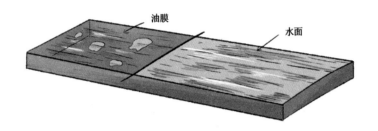

图 43　水面上薄油膜过度拉伸，会发生断裂。

　　实验过程中，你也许会注意到另一个有趣的现象。当油滴落在水面上时，你马上就会看到油面上出现了熟悉的彩虹光泽，就像你曾在船只穿梭的港口水面看到的景色一般。这其实是油层上边界和下边界的反射光相互干涉的结果；油滴入水后开始扩散，厚度不均，因而在不同区域出现了不同的颜色。稍等片刻，油层厚度一致后，整个油面就会成为同样的颜色。在油层变薄的过程中，油面的颜色随着光线波长的缩短依次呈现出红、黄、绿、蓝、紫的颜色变化。若油面继续变薄，面积继续变大，油面最终会失去色彩。这并非说明油膜消失了，而是意味着，油膜已经达到了比最短可见波长更小的厚度，肉眼已经无法看到此种颜色。不过，你还是能够清楚地分出哪是油面，哪是水面，因为油层上、下表面反射出的光线依旧会相互干涉，使得亮度降低。所以，即使颜色消失了，你依旧能够区分出因为反射光干涉而亮度偏暗的油面和正常水面。

亲手实验后，你会知道，1 立方毫米的油大约能够拉伸成 1 平方米的油面，继续拉伸，油膜就会断裂。[①]

三、分子束

通过研究气体或蒸汽透过小孔喷进周围空间，我们可以发现另一种揭示物质分子结构的有趣方法。

假设我们有一个如图 44 所示的真空玻璃球，球内有一个小型电炉，制作小型电炉非常简单，只需要将带有小孔的

---

① 如此说来，断裂前的油层到底多薄呢？计算时，我们可以将 1 立方毫米的油滴想象成一个边长为 1 毫米的立方体。把这个立方体压扁成一个底面积为 1 平方米的立方体，也就是将其底面积由 1 平方毫米变为 1 平方米，扩大了 100 万倍。所以，体积不变的情况下，原立方体的高度必须缩小 100 万倍。这个高度就是油膜的最小厚度，也是油分子的直径，计算可得：0.1 厘米 $\times 10^{-6}=10^{-7}$ 厘米。因为若干个原子才能组成一个分子，所以，原子的尺寸小于这个数值。——作者注

陶制圆筒缠绕上电阻丝就行。若向电炉内放一块钠或者钾这样熔点较低的金属，金属蒸汽就会充满整个圆筒，并经由小孔进入周围空间。金属蒸汽碰到冰冷的玻璃球壁就会附着上去，由此，我们尽可以通过其在玻璃球壁各个地方形成的薄薄的镜面，得知其跑出电炉后的运动轨迹。

另外，我们还会发现，玻璃球壁上的薄膜分布情况受炉温的影响。金属蒸汽的密度会随着炉温的升高而增加，对于见过水壶或者蒸汽机喷气的人来说，这个现象并不陌生。蒸汽经由小孔进入玻璃球后会如图 44a 那样，四处扩散，充满整个玻璃球，并附着在球壁之上。

不过，炉温较低时，蒸汽密度也会降低，情形就完全不同了。经由小孔进入玻璃罩的蒸汽不再四处扩散，而是沿着近似直线的方向，附着到正对着小孔的玻璃球面上。如图 44b 所示，在小孔前面放一个小挡板，金属蒸汽的直线运动将会显得更加清晰。位于挡板后方的玻璃球壁上几乎没有沉淀物，透明区域的形状和挡板的形状几乎完全一致。

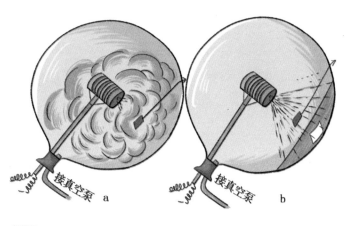

图 44

　　蒸汽是大量独立的分子在空间中快速扩散、不断碰撞而成，若你还记得这一点，那么理解起高低密度气体的扩散差异就会比较容易。我们可以把由小孔喷出的高密度蒸汽看作因为剧院失火狂奔而出的人群，人们奔出剧场大门后，仍然会四散奔逃、相互冲撞；同时，可以把由小孔喷出的低密度蒸汽看作每次走出剧场大门的只有一个人，不受任何干扰的他，当然可以从容地向前行走。

　　我们将由小孔而出的、密度较低的蒸汽物质称为"分子束"，它由数量巨大、紧紧相依的独立的分子组成。这种分子束可以帮助我们开展单个分子性质的研究，举例来说，可以通过分子束对分子热运动速度进行测量。

首个设计分子束运动速度测量装置的是奥托·斯特恩①，这个装置和图 31 所示的斐索用于测量光速的装置没有本质区别。如图 45 所示，这个装置的主要部分是两个齿轮，一条公用轴，只有适当角度下，分子束才能正常穿过齿轮。斯特恩在公用轴的一端放置了一块隔板，这块隔板可以接收顺利穿过齿轮的细分子束。通过这套装备，斯特恩发现分子的运动速度极快，（200℃下，钠原子的运动速度高达 1.5 千米/秒），且速度随温度上升不断增加。这一事实为热动力学理论提供了实证，这一理论认为，正是因为分子的不规则热运动加剧，才导致了物体温度的升高。

---

① 奥托·斯特恩（Otto Stern），生于 1888 年，卒于 1969 年，德裔美国籍核物理学家、实验物理学家，在核物理中，他对分子束的研究方法做出了巨大贡献，并发现了质子磁矩，是 1943 年诺贝尔物理学奖的获得者。——译者注

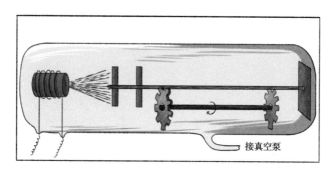

接真空泵

图 45

✎ 四、原子摄影术

　　尽管上述案例为原子假说的正确性提供了有力证明，但是，我们还是倾向于"眼见为实"。所以说，将原子或分子这类微小单位呈现在人的眼前，才能让人坚信它们的存在。直到近来，英国物理学家布拉格①才设法为几种晶体原子和分子拍了照，实现了上述目标。

①　威廉·亨利·布拉格(Sir William Henry Bragg)，生于 1862 年，卒于 1942 年，英国物理学家，是现代固体物理学的奠基人之一。他创造性地将 X 射线衍射用于晶体原子和分子结构的研究，1915 年和自己的儿子一起获得了诺贝尔物理学奖。——译者注

但是，你可别把给原子拍照的难度想得太低，拍摄如此之小的物体，必须保证照在物体之上的光线波长比拍摄对象的尺寸小，否则，照片就会像用油漆刷画**波斯细密画**那样模糊一片，无法实现！其中难处，研究微生物的生物学家们肯定深有感触，因为细菌的大小和可见光波长相近，大约都是 0.0001 厘米。生物学家们为了获取高清晰度的图像，需要在紫外线下拍摄细菌的显微图像，因为紫外线的波长短于可见光，所以能获得更好的拍摄效果。可是，分子的尺寸及其在晶格间的距离实在太小（0.000,000,01 厘米），连紫外线都无法清晰拍摄，更别说可见光了。只有借助波长为可见光波长数千分之一的射线才能给单个分子拍下清晰的照片，也就是说，我们需要 X 射线的帮助。不过，难以克服的苦难接踵而至：X 射线可以穿透任意物质，且不发生折射，所以，在 X 射线下，透镜和显微镜都无法正常工作。当然，X 射线这种不折射、强穿透的特性对医学大有裨

> 波斯细密画：波斯，1935 年改称伊朗。波斯细密画是在手抄本中与文字配合的一种小型图画。早期画风受希腊、叙利亚等艺术的影响，色彩绚丽，富于装饰性。13 世纪以后，吸收中国绘画特点。

益，因为若穿透人体时光线折射，就会使得 X 光片模糊一片；
但是这种性质也彻底堵死了用 X 射线拍摄显微照片的可能！

　　这个难题令人手足无措，不过，布拉格想出了一个绝妙
的办法。他的办法以阿贝 ① 的显微镜数学理论为基础，这一
理论认为，所有显微镜图像都可视为大量独立图像的叠加，
其中的任一独立图案都可以用拍摄区域中一组特定角度的平
行暗纹来表示。如图 46 中的简单案例所示，可以将四个独立
的平行暗纹叠加，组成一张周围黑暗、中心椭圆区域明亮的
图像。

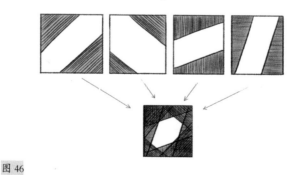

图 46

---

① 恩斯特·卡尔·阿贝（Ernst Karl Abbé），生于 1840 年，卒于 1905 年，德国
物理学家、光学家。——译者注

根据阿贝的理论，可以将显微镜的运作拆分为以下步骤：
（1）把原始图像分解为大量的独立暗纹图案；（2）将所有独立
图案放大；（3）将放大后的图案再度重叠，成为放大图像。

这个方法和用多块单色母版印刷彩色照片的方法如出一
辙。单独看任何一张彩色照片，你可能都无法看出拍摄内容
为何物，不过，只要用正确方式将这些照片重叠起来，就会获
得清晰鲜明的图像。

没有一个 X 光机可以自动完成上述步骤，所以，我们只
能分步骤操作：首先，用 X 射线拍摄下大量不同角度的晶体
条纹图像；其次，把这些图像用正确的方式叠加。用这个方
法，就能实现 X 射线的放大功能，只是，真正的放大镜用法简
单，但要完成上述操作，即使经验丰富、操作熟练的实验员，
也要耗费数个小时。这也就向我们解释了布拉格方法只适合
晶体拍照，不适合液体或气体分子拍照的原因，那就是晶体
分子始终固定不动，液体或气体分子总是在四处乱跑。

虽然布拉格的显微摄影法琐碎、复杂，无法仅通过按下

快门就完成操作，但是拍摄效果清晰准确。若受限于技术，无法将教堂拍进一张照片，想来没人会反对用数张照片合成教堂的全景！

照片 I 向我们展示的是一张六甲基苯分子的 X 光片，它的化学式如下：

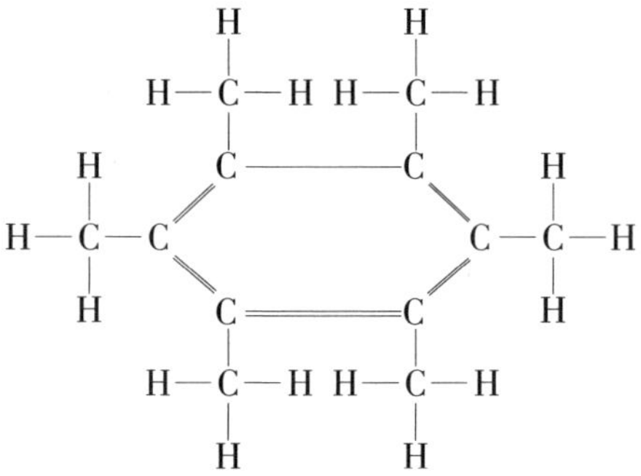

在 X 光片中，我们可以清楚地看到 6 个碳原子组成的环形及其他 6 个与之分别相连的碳原子，但是几乎无法看清较轻的氢原子。

就算是多疑的托马斯，在亲眼见到这张 X 光片之后，恐怕也无法反驳分子和原子的存在。

五、解剖原子

德谟克利特借用希腊语中的"不可再分之物"给原子命名，在他看来，这些微粒就是物质可以分解成的最小限度，换而言之，组成任何物质的最小、最简单的构件是原子。千年之后，大量科学实验为"原子"的原始哲学概念提供了支持，人们愈发坚信，原子是不可再分之物。在他们看来，各种元素之所以表现出不同的原子性质，完全是因为其几何形状不同。比如说，在他们看来，氢原子近似圆球，钠原子和钾原子则是被拉长的椭圆形。

从另一个角度来说，人们认为，氧原子是中间孔洞近乎封闭的甜甜圈形，所以，当两个球形的氢原子同时填入氧原子的孔洞，就能得到一个如图 47 所示的水分子（H_2O）。长椭圆形的钠原子和钾原子比球形的氢原子更能契合氧原子"甜甜圈"上的孔洞，所以它们可以将水分子中的氢原子置换出来。

图 47

　　以此为依据，可以推知，不同形状原子的不同振动频率是其释放不同光谱的原因所在。物理学家试图顺着这一逻辑，从原子释放的不同光谱反推出原子的形状，这就如同努力从声学角度解释小提琴、教堂钟、萨克斯管的音色差异。

　　然而，想要从几何形状出发，对原子的化学性质、物理性质进行解释的尝试，徒劳无功。与之相反，在人们认识到原子并非几何形状各异的粒子，而是许多独立运动的部件构成的复杂集合时，才在理解原子性质的道路上迈出了实质性的第一步！

英国物理学家汤姆森[①]是完成解剖微小原子这一复杂手术的第一人。他证明了各化学元素的原子都是由带正电及带负电的部件构成，这些部件因电磁力而紧密结合。在汤姆森看来，原子如图 48 所示，其中正电荷粒子均匀分布，负电荷粒子则在内漂浮。整个原子呈现出电中性，因为被他称为"电子"的所有带负电荷的粒子与所有带正电荷的粒子数量相等。可是，原子和电子以相对松散的方式结合，因此难免会有一个或几个电子游离而出，这样的原子被称为正离子，即带正电的不完整原子。与此相反，有些原子可能会从外部带回几个电子，成为带负电荷的负离子。这种原子得到额外的电子或者失去电子的过程被称为离子化。汤姆森的观点以迈

[①] 约瑟夫·约翰·汤姆森（Joseph John Thomson），生于 1856 年，卒于 1940 年，英国物理学家，1906 年的诺贝尔物理学奖得主，主要贡献在气体电导理论及其实验研究。——译者注

图 48

克尔·法拉第^①的经典著作为基础，在法拉第证明了原子所
带电荷是基本电量单位 5.77×10^{-10} 的倍数之后，汤姆逊对此

———————

① 迈克尔·法拉第（Michael Faraday，1791—1867 年），英国物理学家、化学家，他
在电磁学方面做出了伟大贡献，被称为"电学之父"和"交流电之父"。——译者注

进行了进一步的解释：他认为正是由于电荷是独立微粒，所以电量才会成倍变化；他还设计了一套从原子中提取电子的方法，并将研究对象扩展到了空间之内飞行速度极高的自由电子束。

估算出电子质量，是汤姆森在自由电子束研究领域的一大重要成功。在强电场的帮助下，汤姆森从热电线之类的材料中引导出一束电子，让其穿过如图 49 所示的两块带电电容器极板。这个电子束会靠近正极，远离负极，因为电子束带有负电荷——或更精确地表达为，这束电子本就是自由的负电荷。

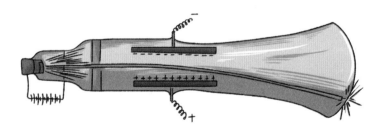

图 49

　　若是在电子束落脚的电容器后方放一块荧光屏，那么观察电子束的偏转就非常简单直观了。若电子携带的电荷量、电子在特定电场中的偏转长度皆为已知条件，那么就能估算出电子的质量。经过估算发现，电子的质量真的特别小。其实，根据汤姆森的研究，氢原子质量是单个电子质量的1840倍，这说明，带正电的部分是原子质量的主要来源。

> α 粒子：某些放射性物质衰变时放射出来的粒子，速度每秒可达两万公里，带正电荷。穿透力不大，能伤害动物皮肤。在穿过介质后迅速失去能量。

　　尽管汤姆森提出了原子内部有大量运动的负电荷这一正确观点，但是他提出的原子内部的正电荷呈均匀分布的观点，却大错特错！1911年，卢瑟福[1]通过一个著名实验证明，原子正电荷是原子质量的主要来源，且其集中在一个极小的位于原子中心的原子核中。这个实验是为了证明一种名为"α 粒子"的粒子在穿过物质的时候，会不会产生散射现象。某些质量较大且不稳定如铀或镭

---

[1] 欧内斯特·卢瑟福（Ernest Rutherford），生于1871年，卒于1937年，英国著名物理学家，被誉为"原子核物理学之父"，是1908诺贝尔化学奖得主，主要贡献在于元素蜕变及放射化学的研究。——译者注

之类的元素，在自发分裂的过程中会发射出这种名为 α 粒子的高速粒子，经科学家研究，这种粒子携带正电荷，且质量和原子质量非常接近，由此可知，它们就是原子中带正电荷的部分。在 α 粒子穿越靶目标原子的时候，会被靶目标原子带正电的部分排斥，并被靶目标原子内的电子吸引。不过，因为电子质量太小，所以电子对 α 粒子运动的影响就像蚊子对于一头受惊奔跑的大象一样，可以忽略不计。但是，当 α 粒子和靶目标原子的正电部分相距较近时，与 α 粒子质量相近的靶目标原子的正电部分产生的排斥力，却足以迫使 α 粒子偏离原有的轨道，向着四面八方散射。

在卢瑟福把一束 α 粒子射入薄铝丝的时候，得出的结论让人大吃一惊：只有假设 α 粒子与靶目标原子带正电的部分之间相距比原子直径的千分之一还要近的时候，才能解释其观察到的实验结果。当然，要满足这一假设，入射的 α 粒子和原子中的正电部分的尺寸都要是原子大小的数千分之一才合理。所以，卢瑟福的实验认为在原子中央，有一个极小的原子核，正电荷就集中在这里，四面环绕着大量带负电荷的电子；他的结论彻底否定了汤姆森创立的正电荷均匀分布的原子模型。如此一来，电子的形象就像是图 50 所示的，以原子核为太阳，以电子为行星的微缩太阳系；而不是一个以电子为瓜子的西瓜。

图 50

原子与太阳系的相似之处还表现为：原子核及太阳在原子质量及太阳系总质量的占比非常接近，分别为 99.97％和 99.87％；电子和电子距离之于电子直径的比值与行星和行星距离之于行星直径的比值非常接近，都是数千倍。

除此之外，原子核与电子之间的电磁力与太阳和行星之间的引力，都和它们的距离平方成反比关系[①]，这是二者最大的相似之处。因而，电子就如同太阳系中的行星或彗星一样，沿圆形或椭圆形轨道围绕原子核运行。

根据以上有关原子内部结构的论述，绕原子核运动的电子数量的差别，是导致各化学元素的原子差异的原因所在。原子为呈电中性，所以围绕原子核运动的电子数目必然与原子核携带的正电荷数相等，估算这个数字并不困难，只需根据在原子核的斥力下 α 粒子的偏转距离计算即可。卢瑟福估算得出，在按照重量由低到高排列的化学元素序列之中，其所含电子数量，后一种元素总比前一种元素多 1 个。也就是说，单个氢原子的电子数量为 1，单个氦原子的电子数量

———————————
[①] 即力的大小与二者之间的距离平方成反比。——作者注

为 2, 锂原子为 3, 铍原子为 4, 就这样, 直到质量最大的天然元素铀, 其原子所含电子数量为 92[1]。

我们将原子在序列中的排位称为元素的原子序数, 这一序数与化学家以元素的化学性质为依据编制而成的化学元素周期表中的排列位置和编号相一致。

如此一来, 围绕原子核快速旋转的电子的数量可以简单代表所有化学元素的物理及化学性质。

19 世纪末, 俄国化学家门捷列夫通过观察, 发现了按自然顺序排列的元素, 其化学性质呈现出明显的周期性。他发现, 每隔一定数目, 元素的化学性质就会重复。图 51 就是这种周期性的生动再现。已知的全部元素的化学符号都如图所示, 沿着圆柱表面排成了螺旋带, 同一列的元素具有类似的性质。如图所示, 氢和氦是第一组中仅有的两种元素, 其后两组各有 8 种元素; 再往后, 元素的周期扩大到了 18 种

---

[1] 在下章所讲的炼金术的帮助下, 我们可以人工合成更为复杂的原子, 比如应用于原子弹的人造元素"钚", 其所含电子数量为 94。——作者注

元素。若你没有忘记前面说过的，自然序列中的后一种元素的原子比前一种元素的原子多 1 个电子，那么我们肯定会得出如下结论：因为原子内部某种稳定的电子构型——或称之为"电子壳层"——周期重复出现，才使得元素性质呈现出明显的周期性。第一层元素的电子壳层共能接纳 2 个电子，其后两层元素的电子壳层共能接纳 8 个电子，其后全部元素的电子壳层最多可以接纳 18 个电子。由图 51 还能看到，在第 6、第 7 个周期以后，元素不再有明显的周期性，以至于不得不把所谓的稀土元素和锕系元素这两组元素从圆柱上抽取出来，单独置于一旁。之所以如此，是因为它们特殊的电子壳层结构，使得元素的化学性质受到了影响。

在原子模样已知的情况下，我们可以尝试解答如下问题了：不同元素的原子到底是在何种作用力的作用下，才结合形成了不可胜数的复杂化合物分子？比如说，钠原子和氯原子是在什么样的作用力下结合形成食盐分子的？如图 52 所示，氯原子电子结构层中，第三层缺少 1 个电子，而钠原子第二层全满，以至第三层只有孤零零的 1 个电子。如此一来，那个孤零零的钠电子肯定非常容易与氯原子结为一体，以便填满氯原子的第三层电子。这种转换会使得失去 1 个电子的钠原子带正电，得到 1 个电子的氯原子带负电。两个带电原子——或称之为"离子"——在电引力的作用之下，紧紧结合，就形成了俗称食盐的氯化钠分子。同理，外层缺少两个电子的氧原子，会找到两个氢原子，分别从它们身上"绑架"走其唯一的电子，形成一个水分子（H_2O）。换言之，氧原子和氯原子，抑或是氢原子和钠原子，通常不会对对方产生兴趣，因为前一对习惯掠夺，都想索取电子，后一对却对索取毫无兴趣。

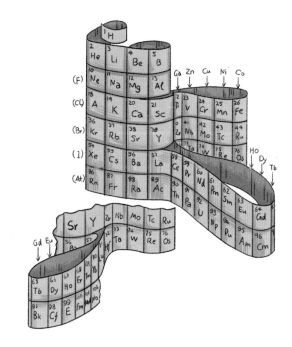

图 51a　正视

　　元素排列为螺旋环状，根据周期性可将其周期分为2、8、
18 三种。左下方环带所示的，是单独列出的、不符合元素周
期规律的稀土元素和锕系元素两组元素。

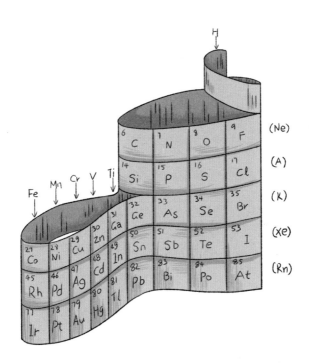

图 51b　背面

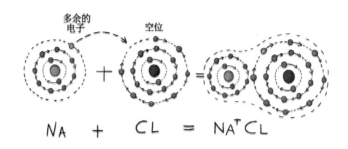

多余的
电子　　　空位

NA ＋ CL = NA⁺CL

图 52 钠原子和氯原子结合形成氯化钠分子的示意图

　　如果原子具有完整的电子层，比如氦、氖、氩、氙等等，那么它们既不需要索取，也不需要付出，更喜欢高傲地自我欣赏，所以这些被称为"稀有气体"的元素化学性质非常不活泼。

　　我们需要讨论一下电子在金属类物质中的重要作用，才能为本节原子及其电子层的内容画上句号。金属原子对其外层电子的束缚力非常弱，因而常常会有一两个电子挣脱束缚，自由奔走——这是金属区别于其他物质的地方。如此一来，金属材料之中就会存在大量胡乱奔走的电子，它们就像一群无家可归的流浪汉一样四处游荡。如果这时给金属丝通电，这些胡乱奔走的电子就会沿着电力的方向猛冲，形成所谓的电流。

正如我们后面将会讨论的，自由电子的存在是金属良好导热性的基础。

六、微观力学与测不准原理

如上所述，已知原子内部电子围绕原子核旋转类似于行星系统，那么自然而然地就会认为其运动规律与行星围绕太阳运动的规律相似。况且静电引力和重力定律中，电磁力和引力都与距离的平方成反比，这更加说明了二者的相似，我们自然会认为原子内部的电子如图 53a 所示，沿椭圆轨道围绕原子核运动。

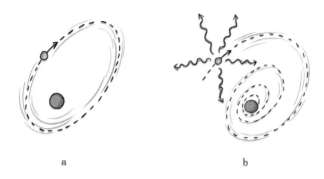

a   b

图 53

不过，近来所有尝试将原子内部的电子运动描绘成太阳系运动规律的努力，都惨败而归。一段时间内，人们甚至觉得，要不就是物理学家都疯了，要不就是物理学本身有问题。出现这一情况的根本原因是，原子的电子携带电荷使其不同于太阳系中的行星；电子围绕原子核运动时肯定会产生释放出强烈的电磁辐射——所有振动或旋转的电荷都是如此。因为辐射的过程会消耗能量，所以合理的假设是，原子中的电子会如图 53b 所示，沿着螺旋轨道不断靠近原子核，在能量消耗殆尽之时，电子就会坠落到原子核上。已知电子的电荷量及旋转频率，据此计算出整个过程的持续时间，并非难事。经过计算，电子耗尽能量坠落原子核所耗费的时间，在百分之一微秒之内。

因此，物理学家们以最先进的物理知识为依据，得出如下结论：若原子的内部结构和行星结构类似，那么它们最多只能存在亿万分之一秒的时间，也就是说，这样的结构形成之时就会立即瓦解。

不过，虽然以理论为依据得出的结论显得十分悲观，但是实验结果表明，原子具有非常稳定的结构，电子快快乐乐、孜孜不倦地围绕原子核旋转着，既没有消耗能量，也没有瓦解迹象。

怎会如此?！运用最完备的力学定律解释原子内部的电子运动，得出的结论和观察到的现实为何自相矛盾？

要找到这一问题的答案，我们必须回溯到科学的最基本问题：何为科学的本质？何为"科学"？何为对自然现象进行"科学解释"？

简单地举例说明一下，古希腊人认为地球是平的，相信大家还没忘记这一点。对于他们的这种想法，我们其实无法责怪，因为在旷野之中，或者渡河的船上，我们会亲眼看到这一现实——除去偶尔起伏的山丘外——地球表面的确一马平川。古希腊人所犯的错误不在于他们认为"在某个观测点上所见范围内，

麦哲伦(1480—1521年)：葡萄牙探险家、航海家，1519年率领船队环球航行，途经菲律宾死于部落冲突。船队在他死后继续向西航行回到欧洲，完成了人类历史上首次环球航行。

地球是平的"，而在于他们将这一观点贸然地推广到了所见范围之外的区域。其实，只要做些如研究月食过程中地球在月亮上的投影，或是著名的**麦哲伦**环球航行这样超出一般范围的观测，就会立即发现这是一种完全错误的推广。我们所见只是地球表面很小范围之时，才能说地球看似一马平川。我们在第五章讨论的宇宙空间问题与之类似，宇宙空间本可能是弯曲有限的，但在有限范围内，宇宙是平坦且无边无际的。

不过，这些长篇大论与我们正在讨论的电子在原子内的运动假设和实际之间的矛盾有何关联呢？答案在于，我们研究原子问题时，已经暗含了电子运动和大型天体运动相类似的假设，换言之，我们默认现在的研究对象和日常生活中普遍存在的"常规大小"的物体没有区别，才会在描述它时运用同一套术语。但是，我们正是以与人类尺寸相当的物体为基础，总结经验，才建立起了现在熟知的这套力学概念和定律。而后，我们将这些定律的应用范围扩展到了行星、恒星这种体形硕大的物体身上，结果非常成功，对数百万年前后的各种天文现象都做出了精准计算。所以，我们继续扩大这些可以用来解释大型天体运动的力学定律的应用对象，并对此深信不疑。

可是，我们如何能确定，这些能够对大型天体运动、炮弹、钟摆和玩具陀螺做出合理解释的力学定律，就一定能够解释大小、质量只相当于最小机械装置十亿分之一的电子的运动呢？

当然，没有任何理由让我们做出经典力学定律一定不能解释原子内部微小粒子运动的预先假设；不过，从另一个角度来说，若这种解释以失败告终，也无须大惊小怪。

所以，既然尝试使用天文学中太阳系行星的运动方式对电子的实际运动进行解释，产生了矛盾，那么我们需要考虑的首要问题就是，若要用经典力学解释极小微粒的运动，就需要适当调整一下经典力学的基本概念和定律。

经典力学：20世纪以前的力学，建立在牛顿运动定律的基础上。20世纪以来，由于物理学的发展，经典力学逐渐暴露出它的局限性。

　　质点的运动轨迹及其运动速度组成了经典力学的基本概念。不论何时，运动的质子总是在空间中占有一个确定的点；不同时刻质子占据的位置点串联而成的就是轨迹，这是我们描述所有运动物体的基础，因而我们总认为它是不言自明的。运动速度就是用某物体在两个不同时刻所在位置点的间距，除以这两个时刻的时间间隔。位置和速度这两个概念，是建立所有经典力学的基础。时至今日，科学家们才发现，这两个用来描述运动现象的最基本的概念竟然存在谬误，虽然在哲学家看来，这两个概念完全是"先天的"。

　　不过，想用经典力学定律解释微小的原子系统内的运动遇到的瓶颈，在提示着其中的某些错误；以至于人们对经典力学的基本层面存在"错误"的想法越来越坚定。把物体的连续运动轨迹和任意特定时刻的速度等基本概念应用于原子内部的微小部分，显得太不精致。简单说来就是，把人们熟知的经典力学理论应用于极小质量物体的运动之上的失败教训在提醒我们，必须大幅度调整这些固有概念，才有可能获得成功。不过，若是原子世界不符合经典力学的旧有概念，那么更大物体的运动也不可能完全符合这些概念。所以，我们得出了如下结论：经典力学的相关概念和定律只是与"真理"十分相仿的赝品，因此，它并不适用于更加精密的系统，强行应用只会遭遇惨败。

　　通过对原子系统力学特性的研究及所谓量子力学的构建，一个全新的元素被纳入了科学领域。量子力学的构建离不开"两个不同物体间的所有的相互作用都存在确定的下限"这一事实，且这一事实是对"物体运动轨迹"这一经典定义的彻底颠覆。其实，如果认为物体运动时有一个精确的轨迹，那么就说明，存在通过某种专业的物理设备对这一轨迹进行记录的可能。可是，需要注意的是，对运动轨迹的记录必然会对物体运动造成干扰；其实，根据牛顿定律，作用力与反作用力必然相等，若记录物体连续位移的设备受到物体运动的影响，那么这个设备也会同时影响物体的运动。正如经典物理学所假设的那样，若两个物体（此处是指运动的物体及记录其位移的仪器）间的相互作用可以无限缩小，那么就可以设想出一种既能够记录物体位移又不会对其造成干扰的、极其灵敏的理想仪器。

不过，物理相互作用存在下限这一基本事实，让情况发生了根本改变：我们无法任意缩小记录物体位移的设备对运动物体造成的干扰。所以，因记录、观测引发的对运动的干扰已经成为运动中不可或缺的部分，以至于我们不得不将物体的运动轨迹表示为一条具有一定厚度的松散带子，而非一条无限细微的线段。就这样，新力学中的松散的带子替代了经典物理学中数学意义上的细小轨迹。

不过，我们通常所说的作用量子，也就是物理相互作用的最小值，数值极小，只在以极其微小物体的运动为研究对象时才有关注的必要。比如，虽然左轮手枪子弹的运动轨迹并非数学意义上的清晰线段，但这一轨迹的宽度与构成子弹的物质原子的尺寸相比，差着许多数量级，所以，我们可以忽略它。不过，当我们的研究对象质量更小时，它们会更容易受到测量运动带来的干扰，此时，运动轨迹的"厚度"愈发重要。在原子内部围绕原子核运动的电子，其运动轨迹的"厚度"非常接近其直径，所以，我们只能将其运动轨迹描绘成

图 54 那样，而不是将其描绘成图 53 中的一条曲线。此情此景，粒子的位置和速度都有一定不确定性（海森堡[①]的不确定性原理和玻尔[②]的并协原理）[③]，因此我们无法用熟知的经典力学术语对粒子运动进行描述。

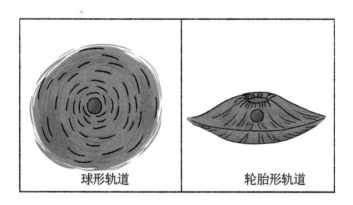

球形轨道　　　　　　轮胎形轨道

图 54　原子内微观电子运动的力学示意图

---

① 沃纳·卡尔·海森堡（Werner Karl Heisenberg），生于 1901 年，卒于 1976 年，德国著名物理学家，荣获 1932 年度诺贝尔物理学奖，是量子力学的主要创始人。——译者注

② 尼尔斯·玻尔（Niels Henrik David Bohr），生于 1885 年，卒于 1962 年，丹麦著名物理学家，1922 诺贝尔物理学奖得主，对原子结构理论做出了突出贡献。——译者注

③ 在作者的一本名为《物理世界奇遇记》（*Mr.Tompkins in Wonderland*）的著作之中，有关于不确定性原理的详细论述。——作者注

　　随着物理学让人吃惊的进展，人们熟知的诸如运动轨迹、粒子的运动速度及确切位置等概念被扔进了废纸篓，以至于我们有些无所适从。若是无法使用原本被公认的基本原理研究电子，那我们应该以何为基础来理解电子运动呢？又该用何种数学方法替代经典力学，以应对量子力学中诸如位置、速度、能量等要素的不确定性呢？

　　借鉴光学理论中的类似经验，可以帮助我们找到上述问题的答案。我们知道，因为"光沿着直线传播"，我们将其称为"光线"，运用这一假设，可以解释日常生活中大部分的光学现象。如图 55a、b、c 所示，根据光线反射和折射的基本定律，我们可以解释包括非透明物体投影、平面镜和曲面镜成像、透镜的功能及各种复杂光学系统运作在内的许多现象。

　　不过，若是光学系统中的小孔接近光的波长时，就无法运用将光的传播描述成光线这一经典几何光学方法解释光学现象了。这种被称为衍射现象的情况，完全无法运用几何光学进行解释。所以说，当光穿过一个小于 0.0001 厘米的小孔时，它的传播路线就不再是直线，而是如图 55d 所示，散射

成特殊的扇状。如图 55e 所示，当光束照射在一面刻有大量
平行细线（"光栅衍射"）的镜子上，也会打破我们熟知的反
射定律，向不同的方向射去，且平行细线的间距和入射光的
波长共同决定了光束衍射的方向。除此之外，如图 55f 所示，
光束经由水面上的薄油层反射，就会形成一种特殊的明暗相
间的条纹。

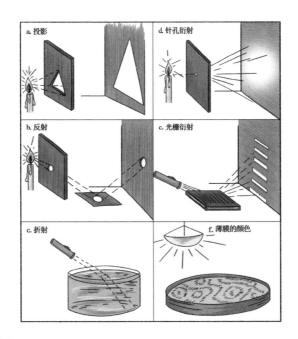

图 55

我们无法运用习以为常的"光线"的概念解释上述案例中的任何一种现象，只能运用光均匀分布于包含光学系统在内的整个空间中这一全新认识来取代"光线"的概念。

由此可见，光线概念在解释光学衍射现象时遭遇的失败与力学轨迹概念在解释量子力学相关现象时遭遇的失败何其相似！就像我们无法把光看作绝对的光线一样，在量子力学的范畴内，我们也无法把粒子的运动轨迹视作绝对的细线。上述两种情况下，"某种事物（光或粒子）传播时总是沿着某种数学意义上的线（光学射线或是运动轨迹）"的说法已经无法合理解释观察到的现象，所以，我们必须采用"'某种事物'在整个空间中均匀分布"这一全新的表达对其进行描述。在光学范畴内，"某种事物"是指光在各个点位的振动强度；在量子力学范畴内，"某种事物"则是指位置不确定性这一全新概念，也就是说，某运动粒子在任意确定时刻所处位置都不是唯一确定的，而是有多个可能，且其位于这些位置的概率各不相同。因此，我们只能根据"不确定性原理"给出粒子位置的可能范围，而无法确定运动粒子的确切位置。通过实验，我们可以非常清晰地看到可由波动光学定律解释的衍射现象与可由新的"微观力学"或"波动力学"（创立人为德布罗意[①]和薛定谔[②]）解释的机械粒子运动，这两种现象有相似之处。

斯特恩在研究原子衍射时所用的实验装置如图 56 所示。我们可以按照如前所述的方法制作一束钠原子，进入实验装置后，钠原子经由晶体表面反射。在此实验中，组成晶格的一般原子层就相当于入射光束的衍射光栅。钠原子经由晶体表面，被反射进入事先按照不同角度放好的小瓶之中，只需对瓶中的钠原子数量进行计数就可得到实验结果。图 56 中小瓶里的阴影就代表了原子数量，即实验结果。经过实验，我们发现，钠原子经反射后，如同 X 射线的衍射图样一般非均匀地分布在了一定的角度之内，而非像由玩具枪射到金属板上的滚珠那样沿着特定方向反射。

[①] 路易·维克多·德布罗意（Louis Victor de Broglie），生于 1892 年，卒于 1987 年，法国理论物理学家，1929 年诺贝尔物理学奖得主，创立了物质波理论，是量子力学的奠基人之一。——译者注

[②] 埃尔温·薛定谔，（Erwin Schrödinger），生于 1887 年，卒于 1961 年，奥地利著名理论物理学家，1933 年诺贝尔物理学奖得主，是量子力学的奠基人之一，并为固体比热、统计热力学、原子光谱等做出了突出贡献。——译者注

　　我们可无法运用经典力学中单个原子沿确定轨迹运动的理论对这一结果进行解释，却可以按照全新的微观力学观点，将粒子的运动类比成现代光学对光波传播的解释，来帮助理解实验结果。

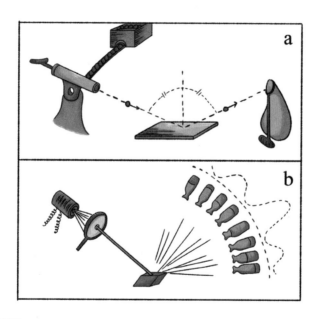

图 56

a.　滚珠经由金属板反射，这一现象可以用轨迹概念进行解释。

b.　钠原子经由晶体表面反射，这一现象无法用轨迹概念进行解释。